INVENTAIRE
V37,168

PUBLIÉ DANS LES BULLETINS MENSUELS
de la Société des anciens Élèves des Écoles nationales d'Arts et Métiers.

TRAITÉ
DE
COMPTABILITÉ
ET D'ADMINISTRATION
A L'USAGE
DES ENTREPRENEURS DE BATIMENTS
et de Travaux publics
ET DES INDUSTRIELS EN GÉNÉRAL

CONTENANT
des Comptes spéciaux aux Travaux,
aux Loyers, Entretien et Prix de revient d'Immeubles,
avec des Types et Modèles.

PAR
DUGUÉ
Ancien Élève de l'École des Arts et Métiers d'Angers,
ancien Chef de service d'entreprise de Travaux publics, Chef de Comptabilité,
Attaché successivement
aux entreprises des Travaux des Théâtres du Châtelet,
du Grand-Hôtel, des Tuileries, du Louvre, etc.

Prix : 6 francs.

PARIS
IMPRIMERIE ET LIBRAIRIE DE L'ÉCOLE CENTRALE
DES ARTS ET MANUFACTURES
Et de la Société des anciens Élèves
DES ÉCOLES NATIONALES D'ARTS ET MÉTIERS
J. DEJEY & Cie
18, RUE DE LA PERLE, 18

TRAITÉ

DE

COMPTABILITÉ

ET D'ADMINISTRATION

37168

PARIS. — J. DEJEY ET Ce, IMPRIMEURS
18, rue de la Perle.

TRAITÉ

DE

COMPTABILITÉ

ET D'ADMINISTRATION

A L'USAGE

DES ENTREPRENEURS DE BATIMENTS

et de Travaux publics

ET DES INDUSTRIELS EN GÉNÉRAL

CONTENANT

des Comptes spéciaux aux Travaux,
aux Loyers, Entretien et Prix de revient d'Immeubles,
avec des Types et Modèles.

PAR

DUGUÉ

Ancien Élève de l'École des Arts et Métiers d'Angers,
ancien Chef de service d'entreprise de Travaux publics, Chef de Comptabilité,
Attaché successivement
aux entreprises des Travaux des Théâtres du Châtelet,
du Grand-Hôtel, des Tuileries, du Louvre, etc.

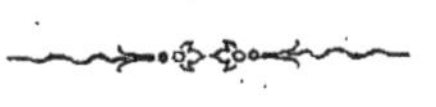

PARIS

IMPRIMERIE ET LIBRAIRIE DE L'ÉCOLE CENTRALE
DES ARTS ET MANUFACTURES
Et de la Société des anciens Élèves
DES ÉCOLES NATIONALES D'ARTS ET MÉTIERS

J. DEJEY & Cie

18, RUE DE LA PERLE, 18

TRAITÉ

DE

COMPTABILITÉ ET D'ADMINISTRATION

A L'USAGE

DES ENTREPRENEURS DE BATIMENTS

ET DE TRAVAUX PUBLICS

PAR

DUGUÉ

Comptable attaché successivement aux Entreprises des travaux des théâtres du Châtelet, du Grand-Hôtel, des Tuileries, du Louvre, etc.

PRÉFACE.

Les affaires de travaux de bâtiment ont des ramifications nombreuses dans un grand-nombre d'industries.

Leur importance s'est tellement accrue, de nos jours, qu'il m'a paru opportun de publier un recueil des observations que j'ai été dans la possibilité de faire depuis dix années sur les mesures d'ordre du ressort de la comptabilité du bâtiment, et d'expliquer la méthode de Tenue des livres que j'ai toujours employée avec succès dans les affaires dont j'ai été chargé.

La question comptable devient d'une importance extrême dans les travaux. Les époques des paiements faits aux entrepreneurs n'étant presque jamais en rapport avec les exigences du paiement immédiat de leurs ouvriers et d'une partie de leurs fournisseurs, il leur est d'autant plus nécessaire de bien constater leurs dépenses, afin de savoir à n'importe quel moment quelle est leur avance réelle.

Combien de résultats sont perdus par l'entrepreneur qui vit dans l'ignorance de sa véritable situation financière.

La comptabilité doit refléter le plus exactement possible cette situation, et ce serait une grave erreur, je le répète, de penser qu'elle n'est que d'une importance secondaire, car en plus des considérations qui précèdent, ne voyons-nous pas aujourd'hui les prix des mains-d'œuvre et des matériaux aller en augmentant, tandis que ceux alloués suivent une marche contraire, soit par le fait d'une concurrence souvent déraisonnable, soit par l'influence des prix de la série de la ville. Il faut donc nécessairement que des mesures d'ordre et de régularité soient introduites dans les entreprises de travaux, afin de suivre le plus rigoureusement possible leur mouvement pendant le cours de leur exécution.

Par exemple, il faut que l'entrepreneur puisse savoir, au moins, le prix de revient exact de tel ou tel bâtiment.

Plus tard, il arrivera à faire des prix de revient pour des parties de travaux, pour des mains-d'œuvre spéciales, telles que le montage des matériaux, les tailles et sciages de pierre, le bardage, etc., toutes évaluations qui ne se font que peu ou mal, et laissent tout à l'empire de l'habitude ou d'usages souvent vicieux, qui vont dévoyer l'entrepreneur.

L'établissement de prix de revient faits avec des renseignements exacts, permettrait à l'entrepreneur de traiter les affaires à peu près à coup sûr, au lieu de baser ses rabais sur des évaluations obtenues à l'aide de la série de prix de la ville.

Il consulterait ces prix de revient, représentant les véritables cours des travaux, et pourrait ainsi raisonner son rabais au lieu de l'établir sur le nombre probable des coucurrents, ou au hasard.

Mon système de Tenue de livres dessert les idées qui précèdent, basé sur celui des parties doubles, sans lequel on ne peut rien produire de sérieux ; il comprend, outre les comptes commerciaux ordinaires, divers autres comptes créés spécialement en vue de répondre aux besoins de l'industrie du bâtiment. Il permet un contrôle indispensable sur les mains-d'œuvre et matériaux entrés dans la construction avec toutes quantités et prix d'acquisition. C'est une comptabilité, matière et argent.

PREMIÈRE PARTIE.

CONSIDÉRATIONS GÉNÉRALES ET DESCRIPTION DES COMPTES.

DE LA NATURE DES OPÉRATIONS DE L'ENTREPRENEUR.

Les rapports de l'entrepreneur sont en général de deux sortes :

Il traite avec des propriétaires ou des administrations représentées par leurs architectes ou leurs ingénieurs des constructions à exécuter.

Il acquiert à ses risques et périls les matériaux et matières nécessaires à l'édification de ces constructions, et paye tous les salaires relatifs aux façons, manutentions et emplois de ces matériaux et matières.

De là deux courants, l'un purement commercial, l'autre relatif à l'art de la construction.

Ce mouvement double doit avoir son expression dans les livres.

DE L'OUVERTURE DES COMPTES PRINCIPAUX CHEZ UN ENTREPRENEUR.

Il est indispensable dans toute comptabilité bien tenue d'ouvrir des comptes :

1° Au Bâtiment à construire ;

2° A la Main-d'œuvre ;

3° Aux Fournisseurs ou aux Tâcherons ;

4° Au Matériel et équipages ;

5° Aux Transports.

D'autres comptes, tels que ceux de Frais généraux de Magasin, de Dépenses générales sont seulement nécessités par la multiplicité des affaires, mais sont généralement essentiels.

Tous ces comptes sont les aliments des comptes des bâtiments en construction.

Ces comptes de bâtiment sont débités (1) respectivement de la main-d'œuvre, des fournitures, des transports de la dépréciation ou usure du matériel et des équipages, d'une cote part des frais généraux nécessaires à leur amortissement.

Les comptes commerciaux ordinaires, tels que ceux de caisse, d'effets à recevoir, d'effets à payer, de profits et pertes, de capital, suivent leur marche habituelle, c'est-à-dire contastent les recettes, paiements et résultats.

DES COMPTES DES BATIMENTS.

S'il y a plusieurs bâtiments en construction, il faut ouvrir un compte à chacun d'eux ; dans ce cas, il est nécessaire de bien lotir les mains-d'œuvre, fournitures, transports les concernant, afin de pouvoir débiter chaque bâtiment de ce qui lui est propre.

---

(1) Je suppose que lecteur soit au courant des expressions élémentaires de la tenue des livres et qu'il sache que débiter un compte, c'est porter un article à son doit ou débit, et le créditer porter un article à son avoir ou crédit.

Cela est facile pour les petits matériaux, se déchargeant au fur et à mesure de leur arrivée au tas, tels que la brique, le plâtre, la chaux, le ciment, le sable, le caillou, le moellon, et dont la reception est faite de suite par le maître compagnon et constatée par un bon de livraison.

Pour la pierre de taille, c'est plus difficile ; cette pierre étant généralement taillée dans un chantier commun dont l'approvisionnement doit alimenter plusieurs bâtiments.

Dans ce cas, il devient indispensable d'ouvrir un compte de ***Matériaux en Magasin,*** lequel compte est débité de toute la pierre et même des autres matériaux qui entrent en magasin, et crédité, par chaque bâtiment, de la pierre et autres matériaux qui en sortent.

Les entrées de pierre sont constatées par les lettres de voiture émanant du métreur de la ville.

Pour les sorties, tout consiste à faire cuber très-exactement la pierre au départ des chargements avec la désignation du bâtiment où elle est conduite.

DU COMPTE DE MAIN-D'ŒUVRE.

La main-d'œuvre doit avoir un compte spécial que l'on peut intituler *Compte d'ouvriers.* Ce compte reflète complétement le mouvement des salaires. Il est débité de tous les paiements faits aux ouvriers, et crédité, par chaque bâtiment, du montant des rôles de paye. Cette disposition permet de voir l'importance de la main-d'œuvre et de la comparer avec celle des fournitures, ce qui ne peut être indifférent pour se rendre compte de la marche des travaux.

De plus, ce compte sert à contrôler les paiements faits aux ouvriers, soit par un caissier spécial, soit par les chefs d'atelier, car il est évident qu'il ne peut jamais présenter de reliquats, sauf les retardataires impayés.

DES COMPTES DES FOURNISSEURS.

Il m'a toujours paru indispensable pour arriver surtout au contrôle de l'exactitude de la répartition des dépenses par bâtiment, d'ouvrir un compte spécial à chaque fournisseur. Les écritures à passer sont plus nombreuses, il est vrai, mais la certitude est bien plus grande.

Pour les fournisseurs importants, il serait fâcheux, du reste, de s'abstenir d'une mesure qui, en définitive, constate et l'importance des affaires faites avec eux, et l'époque et le quantum de leurs soldes de compte.

Chaque compte de fournisseurs est crédité, par bâtiment et par mois, du montant de ses fournitures et débité des sommes reçues par lui en paiement, ainsi que des remises ou escomptes qu'il a consentis.

On ne peut éviter d'ouvrir un *compte* que dans le cas d'une fourniture faite en quelque sorte accidentellement et dont le compte du bâtiment peut être débité directement par caisse. Seulement, dans ce cas, le libellé de l'article au Journal doit indiquer clairement, et le nom du fournisseur et le détail de ce qui lui a été payé.

DES COMPTES DES TACHERONS.

Pour la commodité de l'entreprise et la rapidité d'exécution des travaux, diverses parties des dits sont souvent traitées à des tâcherons ou marchandeurs, tels sont, par exemple, les ravalements, les plâtres, les égouts, les jointoiements, le briquetage.

Plusieurs modes de traiter sont employés : au métré, avec application des prix de série de la ville moyennant un rabais de .....; ou à forfait, en bloc, prix convenu à l'avance; ou bien au métré sur prix spéciaux débattus entre les parties.

Dans tous les cas, la question des à-comptes à donner pendant l'exécution des travaux marchandés reste la plus difficile à résoudre.

En principe, les à-comptes doivent être versés dans la proportion de l'avancement des travaux.

Comment constater cet avancement?

Il ne peut y avoir qu'un moyen rigoureux, l'établissement d'un métré ou situation; mais le temps nécessaire manque ou les frais de métrage servent de prétexte à la négligence et l'à-compte est délivré à la demande sans contrôle.

Un autre moyen de vérification consiste à faire prendre attachement du temps passé par un agent de l'entreprise et à appliquer à ce temps un prix moyen de journée, le produit diminué quelquefois d'une retenue sert à déterminer l'à-compte à donner.

Ce procédé est vicieux, car si les hommes ne travaillent pas, c'est l'entreprise qui paye le temps perdu et il peut arriver que la somme des à-comptes versés soit beaucoup plus élevée, en fin de compte, que le montant des travaux réglés.

Toutefois, que l'entrepreneur ait pris ou non les mesures nécessaires pour bien fixer les à-comptes à donner à son tâcheron, il faut ouvrir un compte à chaque tâcheron, le débiter de toutes les sommes reçues par lui, à valoir, et le créditer, à la fin de son travail, du montant de son forfait ou de son mémoire réglé.

Il arrive généralement que le même tâcheron est chargé de travaux dans plusieurs bâtiments.

Il est fort important, dans ce cas, de stimuler le tâcheron pour faire dresser ses mémoires dans le plus bref délai. Autrement les à-comptes donnés sur des ateliers différents finissent par s'amalgamer et rendre la position tellement confuse, que les parties n'y voient plus rien.

En raison de cette confusion, il serait déraisonnable au comptable d'attribuer des à-comptes remis à des tâcherons aux bâtiments où se font les travaux en débitant, au moment du versement, les comptes de ces bâtiments ; car il arriverait fréquemment que le montant des travaux réglés viendrait redresser le montant des à-comptes reçus.

Il ne peut y avoir en tenue de livres qu'une méthode à suivre :

Débiter des à-comptes reçus, créditer des mémoires réglés, par bâtiment, et solder.

Cependant, afin de faciliter les appréciations de l'entrepreneur sur les sommes versées pour chaque bâtiment, il est bien d'attribuer le plus exactement possible chaque à-compte à un atelier et cela sur un livre auxiliaire nommé *livre des tâcherons*, disposé en deux parties, *doit* et *avoir*; dans la 1re, sont portés tous les reçus signés des tâcherons; dans la 2e, les travaux exécutés, indiqués d'abord sommairement. On peut avec ce livre voir à tout instant, le montant versé au tâcheron.

DU COMPTE DU MATÉRIEL ET DES ÉQUIPAGES

Beaucoup d'entrepreneurs négligent à tort de tenir un compte exact de leurs équipages et, par conséquent, d'en suivre le mouvement. De là des pertes souvent très-onéreuses provenant, soit d'achats faits inutilement, soit du défaut de réparation ou d'entretien des outils et appareils employés. De plus, l'ignorance dans laquelle ils vivent de l'importance de leur matériel ne leur permet aucun contrôle sur sa conservation, et il peut arriver que, comptant sur une valeur qui représente une partie de leur capital, un inventaire réel, à la fin d'une période de travaux, ne trouve plus qu'une valeur insignifiante.

Dans une entreprise de travaux bien administrée, il faut donc un compte de matériel et équipages exactement tenu. Ce compte est débité de tout le matériel et équipages achetés. A la fin de chaque année, il est réduit d'une partie de sa valeur pour dépréciation par suite de son usure. Le coefficient d'amortissement varie suivant la nature des équipages. Pour ne pas tomber dans l'abus déjà dépeint, de se croire posséder un capital sous forme d'équipages, il vaut mieux déprécier largement de 1/5e par exemple par année, c'est-à-dire que le matériel s'amortit par période de cinq ans, et que la valeur qu'il possède à cette époque est totalement en bénéfice d'après les écritures.

Il est entendu que chaque bâtiment prend à son débit la part de dépréciation qui lui incombe, souvent calculée au marc le franc des dépenses totales du dit bâtiment dans l'année dont il s'agit.

DU COMPTE DES TRANSPORTS.

Ce compte est débité de tous les fourrages, avoines, sons, etc., employés à la nourriture des chevaux ; de leur ferrure ; du salaire des charretiers, des dépenses d'écurie, des visites du vétérinaire, de l'entretien des harnais, enfin de tout ce qui concerne les transports.

Son débit représente donc, à la fin de chaque exercice, ce que les transports ont réellement coûté.

Il est crédité par l'évaluation faite, en tenant compte du temps employé, des transports exécutés pour chaque bâtiment, et en se basant sur les prix courants de la journée, soit à un cheval, soit à deux ou à trois chevaux.

Il est évident : si les évaluations au crédit du compte dépassent le débit, que les transports ont été faits économiquement et que dans le cas où le débit serait supérieur c'est que les transports auraient été mal dirigés.

Le solde de ce compte peut être réparti proportionnellement aux transports déjà comptés par bâtiment ou éteint par profits et pertes.

DU COMPTE DES FRAIS GÉNÉRAUX.

Ce compte est débité de toutes les dépenses dont la répartition par bâtiment est à peu près impossible, et qui sont notamment les traitements des employés des bureaux, tels que dessinateurs et comptables, les fournitures de bureaux, les locations et impôts des chantiers, écuries, magasins, les réparations d'entretien du matériel, etc.

Ce compte doit être soldé à la fin de chaque exercice et chaque bâtiment doit prendre sa part d'amortissement proportionnelle à l'importance de ses dépenses.

DU COMPTE DE MAGASIN.

Ce compte est débité de toute la pierre et autres matériaux qui y entrent, ainsi que des mains-d'œuvre nécessaires à leur bardage, déchargement et transport, si ce dernier est fait par l'entreprise.

Il est crédité par chaque bâtiment de la pierre et autres matériaux qui en sortent.

L'employé préposé à ce service est habituellement le métreur des tailles et sciages de pierres.

Quelle que soit la grande attention apportée par cet agent à bien constater les sorties sur les indications des appareilleurs, il peut se glisser des erreurs qu'il est bon de redresser de temps à autre.

Le moyen à employer est tout simplement de faire dresser par trimestre ou par semestre un état de la pierre ou autres matériaux réellement en magasin, et d'en comparer le montant à celui du solde du compte de magasin pris à la même époque.

La différence reflétera l'exactitude ou non des sorties accusées. Si la valeur des matériaux est plus grande que le solde du compte, ce sera un bénéfice ; plus petite, une perte à répartir dans les deux cas sur chaque batiment.

DU COMPTE DES DÉPENSES GÉNÉRALES.

Pour bien comprendre l'utilité de ce compte, il faut faire en quelques mots l'historique des habitudes de règlément et de paiement des fournisseurs et de la main-d'œuvre.

Les fournisseurs sont généralement payés dans le cours du mois suivant leurs fournitures.

Le compte de ces fournitures est donc arrêté chaque fin de mois.

Pour arriver à la répartition par atelier de chaque compte de fournisseur, il est bon d'inscrire sur un livre spécial intitulé : *Livre des Fournisseurs*, les quantités et nature de matériaux reçus journellement en indiquant sur le dit livre, les noms des bâtiments qui ont reçu ces matériaux, de manière qu'à la fin de chaque mois, la facture du fournisseur soit répartie par bâtiment et sous forme de résumé.

Chaque bâtiment viendra puiser dans ces résumés les parts qui lui incombent.

Le règlement de la main-d'œuvre se fait au moyen de *rôles de paye* qui sont les copies des carnets de journées, tenus directement par les maîtres compagnons ou autres chefs d'atelier. Ces rôles doivent être dressés de manière à contenir les indications des bâtiments où les ouvriers ont travaillé. Ils sont arrêtés à la fin de chaque mois, et un résumé général de chaque rôle doit donner exactement la répartition de la main-d'œuvre par bâtiment.

Chaque bâtiment pourra donc être débité de la cote part de main-d'œuvre qui lui appartient.

Les transports évalués à la journée en raison du nombre de colliers, sont également répartis par bâtiment et peuvent être consignés sur un registre spécial nommé *Livre des transports* constatant le nombre de voies faites par jour, la nature des matériaux transportés et le chantier d'où ils sortent et celui où ils sont déchargés.

Si les matériaux entrés dans chaque bâtiment y étaient toujours employés complétement, le débit de chaque bâtiment serait exactement porté, en prenant, aux fournisseurs à la main-d'œuvre, aux transports ce qui lui appartient.

Mais les nécessités du service des travaux font souvent que des matériaux appartenant à un bâtiment sont enlevés et transportés pour compléter l'approvisionnement d'un autre bâtiment, ou bien que des matériaux restant à employer après la construction faite sont rentrés en magasin.

Dans les deux cas, la première chose à faire est de prendre le compte exact de ces matériaux, d'en évaluer le prix, puis d'en débiter le *bâtiment qui reçoit par le crédit du bâtiment qui donne.*

Toutefois, il est un moyen plus pratique, consistant à déduire simplement du total du débit du bâtiment, le montant des matériaux repris et de l'ajouter au débit du bâtiment qui reçoit ces matériaux et cela dans les comptes des fins de mois compris dans les *Dépenses générales*.

Pour résumer ce qui vient d'être dit sur le compte des dépenses générales, il faut à la fin de chaque mois :

1° Vérifier et établir sur le livre des fournisseurs, tous les comptes et factures desdits fournisseurs, dresser au bas de chaque compte un résumé par bâtiment;

2° Etablir les rôles de paye des ouvriers et faire un résumé de la main-d'œuvre par bâtiment ;

3° Détailler les transports par bâtiment;

4° Faire le compte de chaque bâtiment avec les éléments qui précèdent et résumer ces comptes dont le total devra être égal à celui des comptes des fournisseurs, de la main-d'œuvre et des transports.

Les résumés et les détails de compte qu'ils comportent pourront être établis sur un livre spécial intitulé : *Livre des dépenses générales,* ce livre évitera des écritures compliquées au journal dont il sera, en quelque sorte, un annexe.

Un des avantages du compte des dépenses générales est de présenter, à quelque chose près, l'importance des affaires par mois et par année.

Il ne peut y avoir que quelques dépenses qui n'y soient pas portées et qu'on peut évaluer par approximation.

DES COMPTES COURANTS ET D'INTÉRÊTS.

Quand, dans une entreprise de travaux, il y a plusieurs associés et que l'acte de société autorise chacun d'eux à lever des sommes pour ses besoins personnels, il faut ouvrir un compte courant à chaque associé et le débiter de toutes les sommes qu'il reçoit, en inscrivant rigoureusement la date de l'opération.

Si les exigences des paiements à faire nécessitaient des versements par les associés, ces versements seraient portés au crédit des comptes courants des associés qui les auraient effectués.

Les sommes ainsi portées en compte soit au débit, soit au crédit, sont productives d'intérêts calculés d'après le taux convenu.

Ces intérêts, débiteurs ou créditeurs, sont versés dans la caisse sociale ou payés par elle tous les trimestres ou semestres.

Les associés laissent quelquefois ces intérêts en compte, ils sont alors capitalisés à leur bénéfice.

Tout banquier, commanditaire, prêteur, doit également avoir un compte courant ouvert, dont le mouvement se fait comme ci-dessus.

Les intérêts dus par les comptes courants se portent au débit des dits comptes par le crédit de profits et pertes.

Les intérêts dus aux comptes courants se portent à leur crédit par le débit de profits et pertes.

La méthode des nombres est celle qui nous paraît la plus préférable pour faire le calcul des intérêts ; elle est adoptée par la plupart des maisons de banque ; elle est basée sur la réduction du rapport exprimant les calculs de l'intérêt.

$$\frac{\text{Taux} \times \text{Capital} \times \text{Nombre de jours}}{100 \times 360}.$$

Relativement aux comptes courants des associés, il est de bon ordre qu'il soit établi par l'acte de société que les prélèvements de chaque associé seront égaux entre eux, et ne pourront dépasser un chiffre de. . . . . . par mois ; que les versements à faire pour les nécessités du service soient effectués par parts égales, de telle sorte que les comptes courants de chaque associé présentent toujours entre eux une position identique.

Par ce procédé, on évitera des inégalités de situation au moment du partage des bénéfices, et on facilitera ainsi l'acceptation des comptes entre associés.

DES ATTACHEMENTS, DU MÉTRAGE ET DE LA RÉDACTION DES MÉMOIRES DES TRAVAUX.

Lorsque les travaux sont traités au rabais sur la série des prix de la ville de Paris, il est d'usage que l'entrepreneur établisse lui-même les mémoires de ses travaux, et à ses frais.

Des attachements soit figurés, soit écrits, sont les éléments qui servent à établir ces mémoires.

Les attachements figurés consistent en dessins, plans, coupes, élevations en quantité suffisante pour bien représenter les travaux ou parties de travaux exécutés. Ces dessins sont à l'échelle et cotés. Des teintes en couleurs conventionnelles désignent les ouvrages et les natures des matériaux employés.

Les attachements écrits donnent la description de l'ouvrage exécuté; le temps employé; ils comprennent les travaux en régie, ceux d'entretien, etc.

Les ravalements, les plâtres, sont métrés sur place.

Les attachements sont ordinairement dressés par des agents spéciaux désignés sous le nom d'attacheurs et doivent être relevés pendant le cours des travaux, sans aucun retard, et le plus scrupuleusement possible. Le plus souvent, c'est un entrepreneur d'attachement payé à tant. . . . . du mille qui est chargé de ce service.

Les attachements terminés sont remis au métreur, ordinairement, payé à tant. . . . . du mille. Ce dernier calcule les cubes, les surfaces, détermine les longueurs ou linéaires des ouvrages qu'il doit évaluer, leur applique les prix correspondants de la série, rédige et clos le mémoire à présenter soit à l'administration, soit au propriétaire.

Ces mémoires sont ensuite remis aux architectes qui les adressent aux vérificateurs.

Pour ce qui concerne l'administration, les mémoires d'abord soumis à la vérification, passent dans les mains des reviseurs qui exercent un 2e contrôle.

Le mémoire ainsi dressé, vérifié, revisé, vient la période financière, c'est-à-dire l'ordonnancement, le mandat et le paiement.

Pour traverser toutes ces épreuves, un mémoire met, en moyenne, six mois pour arriver à la conclusion : le paiement.

On voit donc combien il est important d'activer les opérations premières sur lesquelles l'entrepreneur a seulement une action qu'il peut exercer en toute liberté, c'est-à-dire les attachements et la rédaction des mémoires.

L'entrepreneur est en effet impuissant, quant aux lenteurs apportées à la vérification, bien que ces lenteurs lui portent un préjudice notoire quand elles n'occasionnent pas de pertes d'intérêts d'argent ruineuses.

Les attacheurs et métreurs produisent leurs mémoires d'honoraires tous les trimestres ou semestres.

Ces frais sont portés directement au débit des bâtiments qui y ont donné lieu, par le crédit de l'attacheur ou du métreur. L'un et l'autre de ces agents ont donc des comptes ouverts.

DE LA SITUATION DES TRAVAUX D'UNE ENTREPRISE CONSTATEE PAR LES MEMOIRES DES DITS TRAVAUX.

La comptabilité ne peut refléter absolument la position de l'entrepreneur, les travaux restant à lui payer ne pouvant être évalués rigoureusement au moment de l'établissement d'un inventaire. D'un autre côté, le compte de chaque bâtiment contient à son crédit les sommes versées à valoir sur les travaux exécutés, sans qu'il soit possible de contrôler l'exactitude des dites sommes au moyen des écritures. Il est donc indispensable qu'un livre spécial puisse donner toutes les indications nécessaires pour déterminer la situation des travaux de chaque bâtiment et cela sans le concours des écritures commerciales.

Ce livre est celui d'*inscription des mémoires de travaux et des recettes sur les dits travaux* : c'est le livre de la construction.

Chaque mémoire produit est enregistré en demande, le règlement est inscrit quand il est arrêté. Il est aussi fait mention sur ce registre de la date, de la remise du mémoire à l'architecte ou à son vérificateur.

Les à-comptes reçus avec la date de leurs recettes sont portés dans une colonne à part.

De telle sorte que le montant des travaux réglés ressort distinctement ainsi que les sommes reçues. Il est alors facile de déterminer celles à recevoir.

Confrontation doit être faite des sommes reçues, portées au livre d'inscription des mémoires avec celles portées au Grand-Livre aux comptes des bâtiments. Il est inutile de dire qu'il ne peut y avoir de différences entre elles.

Si les travaux ont été traités à forfait au lieu de l'avoir été au rabais sur la série des prix de la ville de Paris, il faut inscrire sur le livre d'inscription le montant du forfait et les époques de versement des à-comptes avec les conditions à remplir par l'entrepreneur, quant à l'avancement des travaux limitant ordinairement les versements.

En suivant alors attentivement le mouvement du travail, il est possible d'éviter des retards dans les versements, c'est-à-dire des pertes d'intérêts d'argent.

Les à-comptes sont habituellement donnés :

Les caves bandées,

Par planchers,

L'entablement fini,

Les ravalements achevés,

Les plâtres terminés.

Une retenue de 1/4, ou 1/5, ou 1/10, n'est payée que trois ou six mois après la réception définitive.

DES TRAVAUX EXÉCUTÉS EN DÉPENSES.

On nomme ainsi des travaux faits pour un propriétaire avec lequel l'entrepreneur est en relation intime, de telle sorte que pour faire disparaître toute couleur de spéculation et exécuter au plus bas prix possible, l'entrepreneur compte seulement ses déboursés auxquels il ajoute un bénéfice dont le taux est variable, mais est habituellement de *dix pour cent*.

Pour bien tenir ce compte, il faut faire un scrupuleux lotissement des dépenses de manière à bien le débiter de toutes celles qui le concernent.

Les travaux qui font l'objet de semblables comptes sont, le plus souvent, des travaux d'entretien dont l'importance n'est pas grande.

Si un compte en dépenses se poursuit pendant plusieurs exercices ; on totalise les dépenses à la fin de chaque année, on y ajoute *cinq pour cent* pour les frais généraux et d'équipages (qui ne sont jamais comptés dans les dépenses précitées, d'après notre système), puis *dix pour cent* pour bénéfice, et le montant ainsi obtenu est une valeur qui produit intérêt à partir du 1er janvier qui suit ; s'il y a des à-comptes versés, ils sont portés au crédit du compte et produisent des intérêts créditeurs.

Il arrive souvent que l'entrepreneur est chargé même des travaux en dehors de sa spécialité. Dans ce cas, les sommes payées pour ces travaux produisent intérêts au taux convenu, et il est compté un chiffre pour direction et surveillance équivalent à *trois pour cent* de la dépense. Il est entendu que ces dernières sommes, intérêts et principal, font partie du compte en dépenses clos à la fin de chaque année.

Il est de bonne règle de présenter, sans retard, ce compte au propriétaire.

DE L'ENTREPRISE GÉNÉRALE.

Autrefois, on chargeait assez souvent le même entrepreneur de l'exécution des travaux de tous les corps d'état. Les difficultés nombreuses que ce système occasionnait fatalement en subordonnant les professions si diverses du bâtiment à la direction et à la responsabilité d'un seul entrepreneur, l'ont fait abandonner.

Cependant, comme dans une entreprise de travaux, des immeubles peuvent être construits pour le compte personnel de l'entrepreneur, il est utile de donner une méthode pour l'établissement du compte du bâtiment en construction en raison des circonstances nouvelles qui entourent ce bâtiment.

On pourrait ouvrir un compte spécial à chaque corps d'état. Les comptes suivants seraient en jeu :

De Terrasse,
Maçonnerie,
Charpente,
Serrurerie,
Menuiserie,
Peinture, vitrerie, tenture, etc.,
Couverture et plomberie,
Fumisterie,
Miroiterie et dorure,
Gaz,
Pavage, bitume, granit, etc.

Ces divers comptes augmenteraient les écritures sans donner, en compensation, de grands avantages. On peut procéder autrement sans inconvénients.

Un seul compte est ouvert au bâtiment et ce compte est débité de toutes les dépenses en général. Seulement la nature des travaux est indiquée très-clairement à chaque article du Journal et portée au Grand-Livre.

Chaque entrepreneur a un compte spécial, débité des

à-comptes qu'il reçoit et crédité par le débit du bâtiment du montant des mémoires réglés de ses travaux ou bien du montant du prix à forfait auquel il a traité.

L'examen de ces comptes d'entrepreneurs permet de connaître l'importance des travaux pour chaque corps d'état, sauf quelques paiements de peu d'importance faits directement et qu'on trouve au Grand-Livre.

DU MONTANT DES FRAIS DE PREMIER ÉTABLISSEMENT D'UNE MAISON OU DE SON PRIX DE REVIENT.

La construction achevée, et le compte terminé, c'est-à-dire toutes les dépenses payées et portées aux écritures, on sait en voyant le total du débit, le prix que la maison a coûté en bloc. Le prix du terrain doit avoir été compris.

Si on veut avoir le prix de revient de cette maison détaillé par nature de travaux, il faut faire un dépouillement du compte au Grand-Livre par catégorie de professions. Toutes les indications nécessaires s'y trouvent réunies.

Le prix de revient par mètre superficiel de terrain bâti est facile à déterminer. La superficie du terrain construit étant connue, il faut diviser le prix total de revient de la maison par cette superficie. Le quotient donne le résultat cherché.

Les prix de revient par mètre superficiel de diverses constructions étant comparés, il en résultera des éclaircissements qui pourront être fort utiles à l'entrepreneur, soit pour traiter des constructions analogues, soit pour les exécuter pour son propre compte.

DES COMPTES CONCERNANT L'EXPLOITATION D'UNE MAISON.

Du Revenu, Du Prix de vente.

La maison construite, clefs en main, le propriétaire fait le classement de ses boutiques, appartements et logements. Il en fixe les prix de location. Le prix de revient doit lui servir de guide dans cette fixation de prix des loyers. Toutefois, la position de l'immeuble, sa nature propre, les coutumes de prix du quartier peuvent donner immédiatement à la maison, une valeur bien plus grande que son prix de revient.

Dans ces conditions-là, c'est en donnant un prix approprié à chacun des loyers composant la location générale que le revenu est déterminé. Ce revenu étant capitalisé à *cinq du cent*, le chiffre ainsi obtenu donne la valeur de la maison. Sa vente à ce prix produirait un bénéfice immédiat comparativement au prix de revient.

Si le propriétaire conserve sa maison pour l'exploiter, il doit s'astreindre à diverses mesures d'ordre. Pour en tirer un revenu complet, il doit administrer ses loyers de manière à *soigner sa clientèle* de locataires. Autrement les meilleures maisons se discréditent et les revenus diminuent alors promptement.

Les mesures d'ordre concernent la comptabilité.

L'administration appartient au propriétaire ou à son gérant.

Les comptes à ouvrir peuvent se résumer à deux :

1° *Un compte de loyers.*

2° *Un compte de travaux d'entretien.*

DU COMPTE DE LOYERS.

Le compte de loyers est débité de toutes les charges et dépenses incombant habituellement aux loyers, telles sont :

Les impositions,
Les gages des concierges,
Les abonnements aux eaux,
Les frais d'éclairage au gaz,
Les vidanges, le balayage, etc.,
Les frais de gérance, d'avoués, d'huissiers etc.

Il est crédité des sommes reçues des locataires au fur et à mesure du versement qui en est fait, soit par le gérant, soit par les concierges.

Ces versements sont contrôlés par des rôles de loyers contenant les noms des locataires, les prix des locations, les à-comptes versés ou les soldes par les locataires, les loyers d'avance, etc., enfin, toutes les indications nécessaires à *l'administration des loyers*. Ces rôles sont dressés par le gérant ou les concierges et contrôlés par le propriétaire ou son comptable. Il faut un rôle par maison et par concierge. A la fin de chaque terme, et les recettes étant faites, le gérant établit un état résumé de tous ces rôles de loyers. Ce résumé détermine d'une manière précise le montant net qui a dû être touché par les concierges et versé par le gérant à la caisse du propriétaire.

Les points difficultueux sur lesquels le contrôle doit s'exercer avec vigilance sont : les *loyers payés d'avance et les loyers en retard de paiement*. Il faut être en mesure lorsqu'un terme est payé par la remise d'une quittance d'avance, le locataire ayant fini sa location, de confronter cette déclaration avec celle faite antérieurement. Quant aux *retardaires*, il ne peut y avoir qu'un contrôle de listes à émarger au fur et à mesure des paiements et une surveillance de fait à exercer.

DU COMPTE DES TRAVAUX D'ENTRETIEN.

La création de ce compte a été nécessitée par le besoin du propriétaire de savoir le montant des réparations faites pour conserver sa maison en bon état.

Avec ce compte, il peut déterminer une moyenne de frais d'entretien par année. Il peut aussi, en mettant en regard les réparations de même nature pendant la même période de temps, juger de l'opportunité d'une réparation immédiate et constater des négligences de service de la part des concierges ou des imperfections dans les travaux exécutés.

C'est pour le propriétaire un moyen d'éclairer les détails de son administration ; détails qu'il ne peut toujours abandonner complétement aux hommes du métier.

On ne peut trop insister sur l'importance qu'il y a pour un propriétaire de bien faire exécuter toutes les réparations nécessaires en temps utile. Une maison est en effet comparable à un instrument ou à une machine qu'il faut entretenir avec soin, d'autant plus que sa résistance aux détériorations est toujours en butte, soit aux injures de l'air, soit au travail incessant produit par les occupations du ménage.

Le compte de travaux d'entretien est débité de toutes les dépenses payées à divers entrepreneurs ou fournisseurs, concernant l'entretien. Il ne peut être crédité que de quelques objets vendus ou pris en compte, faisant partie du bâtiment. Il est soldé, à la fin de chaque année, par le débit du compte de loyers qui naturellement doit prendre ce solde à sa charge.

Le compte de loyers est soldé par le crédit du compte de profits et pertes, ce solde représente le revenu net de la maison.

DU COMPTE DE DÉPENSES DE MAISON.

Un entrepreneur doit toujours être dans la possibilité d'établir le chiffre de ses dépenses personnelles et celles concernant sa maison.

Ces dépenses ne doivent jamais dépasser ses revenus libres, et c'est un devoir social pour lui de les limiter rigoureusement à ses droits.

L'argent engagé par l'entrepreneur dans les travaux

ne lui appartient que dans la mesure des résultats nettement acquis.

Aussi ne peut-il jamais disposer de son *encaisse* que pour les besoins des travaux, sauf une part légitime dont il peut user, part qui doit être restreinte aux seuls intérêts de sa mise de fonds.

Rien de plus dangereux pour lui que de prendre de l'argent à sa caisse sans examiner avec soin s'il le peut. Son inventaire doit être son pilote.

Mais pour ne pas s'engager insensiblement dans la voie des dépenses exagérées, il lui faut un compte à consulter : ce compte est celui de ***Dépenses de Maison***.

Il est débité de toutes les dépenses concernant sa maison :

Des aliments,
Vêtements,
Impôts personnels et du mobilier,
Gages des domestiques,
Objets, substances, etc., consommés dans le ménage,
Frais d'entretien des ustensiles divers,
Frais de nourriture des chevaux,
Frais de plaisir, etc.

Ce compte est soldé à la fin de chaque année par le débit de profits et pertes.

DU COMPTE DES OBJETS MOBILIERS.

Quant aux achats des objets mobiliers tels que :

Meubles,

Linge,

Argenterie,

Ustensiles divers,

Chevaux,

Voitures et équipages, etc.,

il est bon d'ouvrir un compte spécial intitulé : *Compte des objets mobiliers.*

Ce compte est débité de la valeur des choses le concernant, et comme il représente une partie du capital *existant en nature*, il doit être déprécié, à la fin de chaque année, d'une partie de sa valeur calculée d'après la nature des objets.

DES COMPTES DE VALEURS DIVERSES, ACTIONS, OBLIGATIONS, EMPRUNTS, ETC.

L'argent disponible, c'est-à-dire réalisé régulièrement et non dépensé, ne peut être laissé improductif. Il faut le placer dans les meilleures conditions possibles, ou bien l'employer à des *achats de valeurs de bourse.*

La première des conditions d'un bon placement : c'est la sécurité offerte par l'emprunteur au point de vue du remboursement ; la deuxième, le taux élevé du prêt.

Quant aux achats de valeurs, il faut examiner :

Le cours du moment,

La position actuelle de l'affaire,

Les chances de progrès ou d'amélioration, dans l'avenir,

La vogue de la valeur, etc.

Les obligations ayant privilége de remboursement et étant fort souvent garanties par l'État, présentent moins d'alea que les actions qui subissent naturellement en liquidation finale toutes les chances de bonne ou de mauvaise fortune.

Les obligations ne produisent que des intérêts faibles, 3, 4, 5 0/0, mais conviennent mieux aux petites bourses par leur sécurité; telles sont : les obligations de chemins de fer français ; les obligations d'emprunt de la ville de Paris, et autres villes françaises.

Les emprunts étrangers doivent en général être laissés aux esprits aventureux : notamment les *emprunts orientaux*.

Règle générale : préférer les entreprises nationales aux étrangères et ne placer son argent qu'après étude sérieuse de l'honorabilité et de l'avenir de l'entreprise ; éviter surtout le jeu de Bourse qui ne peut donner que des résultats de mauvais aloi.

Le choix des valeurs à acquérir étant fait, ordre est donné à un agent de change d'en faire l'achat à tel ou tel cours. Le bordereau de l'agent de change étant acquitté et les valeurs achetées en portefeuille, il faut ouvrir un compte spécial à chaque espèce de valeur, afin d'en bien suivre le mouvement.

Les comptes suivants peuvent, par exemple, se présenter :

Rentes 3 0/0,

Obligations emprunt Ville de Paris 1865,

Obligations Lyon 5 0/0,

Obligations foncières 4 0/0,

Actions du Chemin de fer du Nord, etc.

Ces comptes sont débités respectivement du montant du prix d'achat et frais tel que l'indique le bordereau de l'agent de change.

Les époques des recettes des coupons d'intérêts étant connues, il faut toucher ces coupons sans retard et créditer les comptes respectifs des sommes ainsi reçues.

A la fin de l'année, chaque compte est débité par profits et pertes du total des coupons d'intérêts et des dividendes reçus, de telle sorte que le compte présente toujours comme solde le prix d'achat de la valeur.

Lorsque la vente a lieu, le prix de vente est porté au crédit du compte de la valeur vendue. La différence avec le prix d'achat constitue un bénéfice ou une perte absorbée par profits et pertes pour solder le compte.

CONCLUSIONS SUR LES COMPTES CONCERNANT LA FORTUNE PERSONNELLE DE L'ENTREPRENEUR ET SUR SES RAPPORTS AVEC LA SOCIÉTÉ D'ENTREPRISE DES TRAVAUX.

Ces comptes que nous venons d'examiner sont ceux de :

Loyers,

Travaux d'entretien,

Dépenses de maison,

Objets mobiliers,

Valeurs diverses.

Ils doivent faire l'objet d'une comptabilité spéciale si l'entrepreneur est associé, et dans ce cas ne paraissent pas sur les livres de la société.

L'entrepreneur associé n'est représenté sur les livres sociaux que par son compte courant.

Si toutefois la société commerciale a acquis pour son compte des immeubles ou acheté des valeurs de bourse afin d'utiliser des fonds disponibles, les comptes ci-dessus deviennent *comptes sociaux* et ont leur place régulière dans les livres de la société.

Il est important de bien tenir compte de ce qui précède, afin d'éviter l'introduction de comptes concernant un associé personnellement dans les livres de la société. Car cette société endosse forcément la responsabilité des affaires inscrites sur ses livres, et l'associé en jeu s'en trouve dégagé ou allégé d'autant plus injustement qu'il bénéficie seul des avantages de ses affaires propres.

Voici un exemple d'abus dans ce sens :

Supposez un associé dont le compte courant soit créditeur d'une somme relativement importante et qui fasse ouvrir un compte dans les livres de la société à un tiers dont il est le débiteur.

Il faudra pour donner suite à l'idée que le compte de cet étranger soit crédité d'une somme convenue par le débit du compte courant de l'associé. Ce *virement* ne sera appuyé sur aucun fait nécessaire à la marche de *l'affaire sociale*, et il aura l'inconvénient d'introduire un élément nouveau avec lequel il faudra compter, ce qui peut faire précipiter les remboursements et dégarnir de fonds l'entreprise d'une manière imprévue.

Les comptes courants d'associés dans une entreprise doivent être l'objet de beaucoup d'attention, nous l'avons déjà dit ; les levées doivent être limitées également et les apports réduits au strict nécessaire.

Car les inégalités de situation engendrent la prétention de tout dominer chez celui qui possède le plus. De là, rupture de l'équilibre.

L'associé faible en capitaux ne subit que difficilement *l'autorité de l'argent*. Viennent alors des tiraillements intérieurs qui précèdent presque toujours la chute.

Il faut se garder de faire ou laisser payer par la caisse sociale des dépenses personnelles d'un associé. Rien de plus propre à augmenter les difficultés. Les comptes courants s'engravent sans qu'on y songe et leur inégalité devient le régime des choses.

Nous le répétons, que chaque associé fasse ses *affaires personnelles* complétement en dehors de la société, c'est-à-dire paye lui-même ses impôts, loyers, charges, etc., et surtout les intérêts qu'il sert pour sommes empruntées ou dues par lui.

Nous ne serons jamais partisans, en effet, d'une méthode qui consiste, par exemple, à ne jamais porter les intérêts dans les comptes courants en les payant aux parties aux époques fixées et en les portant au débit des profits et pertes.

C'est ce que l'on peut exprimer par cette locution : *Sauver l'amour-propre des apparences.*

Il ne faut jamais, en affaires, cacher la plaie ; il faut, au contraire, la découvrir et la voir souvent.

Si les intérêts d'une somme quelconque due ne sont pas portés en compte dans le compte même relatif à cette somme, l'esprit du débiteur s'endort sur la constance de sa dette. Elle n'augmente pas, mais les intérêts qui ont été payés par derrière ont quelquefois doublé cette dette.

Si entre associés d'une même entreprise de travaux, des règlements de comptes relatifs à des affaires en *dehors de l'objet de l'association* viennent modifier les situations réciproques de ses associés, les livres sociaux ne peuvent en tenir compte. Toujours en vertu du même principe, qu'il ne faut, sous aucun prétexte, introduire dans les affaires des influences étrangères à leur objet propre et qu'il faut toujours viser à maintenir les associés sur le pied de l'égalité complète.

Sous le prétexte d'économie de frais de comptabilité, des associés ne tiennent pas compte de l'esprit des observations qui précèdent et font payer, recevoir, administrer leurs biens ou choses personnelles par les caisses sociales de travaux.

Il en résulte un tel enchevêtrement de comptes qu'il devient impossible de suivre le mouvement des comptes courants. L'incertitude sur leurs situations respectives donne momentanément le droit aux prétentions les plus opposées chez les intéressés. Si vous joignez à cet état de choses, des comptes courants d'association dont font partie les titulaires de la société militante, l'incertitude devient obscurité et il n'y a plus qu'une *liquidation finale* qui puisse donner le véritable et dernier mot.

Les inconvénients du système signalé sont nombreux :

1° Difficulté de connaître promptement la position du compte courant de chaque associé.

2° Difficulté de savoir les besoins d'argent réels pour satisfaire au service général des payements.

3° Absorption possible des bénéfices par certains comptes courants et cela par anticipation.

4° Nécessité d'emprunts pour combler les vides ainsi faits, emprunts qui peuvent être onéreux.

5° Difficultés de comptabilité.

Si toutefois et par cas extraordinaire, une entreprise était obligée de se mouvoir dans le cercle vicieux dont nous venons de parler, il faudrait alors apporter un soin extrême à bien tenir les comptes courants des divers associés ou même des sociétés de travaux étrangères à l'objet propre de l'entreprise.

Les calculs des intérêts de ces divers comptes doivent être faits, d'après les conventions, soit tous les six mois, soit à la fin de chaque année, aux taux fixés par les parties. Ces intérêts sont portés au débit ou au crédit des comptes courants par profits et pertes, selon qu'il sont débiteurs ou créditeurs.

Tous ces comptes courants doivent marcher sans aucune interruption jusqu'à la liquidation finale des affaires avec leur tenue particulière.

Il serait irrégulier de les absorber, à un moment donné, dans le compte courant de chaque associé, l'existence de ces comptes ne pouvant être dissimulée.

S'il y a des taux d'intérêts différents à appliquer à ces divers comptes courants, c'est surtout dans ce cas que l'absorption d'un compte dans un autre compte pourrait être onéreuse pour certains associés.

En résumé, nous recommandons donc les prescriptions suivantes :

1° Ne pas introduire dans les affaires spéciales d'une entreprise des affaires étrangères à son objet propre.

2° Eviter les virements entre comptes courants.

3° Maintenir l'égalité dans les situations des comptes courants des associés.

4° Ne pas dissimuler des intérêts payés en les éloignant des comptes qui les ont produits.

5° Restreindre les apports ou emprunts aux besoins stricts de la caisse sociale.

DES ASSURANCES CONTRE LES ACCIDENTS.

A part les grandes usines ou les administrations importantes, il n'y avait tout récemment encore aucune entreprise particulière ayant pour but d'assurer des secours immédiats aux ouvriers et des indemnités proportionnelles aux dommages qui leur étaient causés par suite de blessures occasionnées par des accidents de travaux.

Tout était abandonné préalablement aux soins de l'entrepreneur, peu apte, en raison même de la nature et du nombre de ses occupations, à pourvoir à ces détails.

Les hôpitaux faisaient leur office sous le rapport des soins médicaux. Le blessé s'y rétablissait et à sa sortie venait trouver son entrepreneur pour régler avec lui la question de l'indemnité.

Il arrivait fort souvent que l'entrepreneur avait oublié et l'accident et l'homme. Il fallait recourir à une information tardive pour déterminer les causes et les circonstances de l'accident. Le chef d'atelier pouvait être parti pendant la maladie de l'ouvrier. De là des difficultés pour savoir la vérité. Enfin, pour terminer sans procès, s'il y avait eu blessure entraînant incapacité permanente de travail, l'entrepreneur s'en rapportait souvent aux dires de l'ouvrier et lui accordait l'indemnité qu'il réclamait.

En général, les règles pratiques admises pour dégager ou non la responsabilité de l'entrepreneur, consistaient à établir si l'accident était survenu par suite de la rupture d'un échafaudage ou par suite de vices dans l'établissement des chemins, ponts, montages destinés aux bardages, transports, ou approvisionnements des matériaux.

Il paraît évident à première vue que l'entrepreneur ne peut pas être responsable des accidents provenant de la nature même du métier.

Un tailleur de pierre se blesse à la main avec son outil, c'est un malheur dont lui seul est pour ainsi dire coupable ; un bardeur en pinçant ou tournant une pierre s'écrase le pied, c'est affaire du métier dangereux en lui-même ; un ouvrier quelconque, en parcourant les chemins en planches, met le pied dans le vide et tombe, c'est encore affaire de métier et rien dans des cas analogues ne peut engager l'entrepreneur.

Ce dernier ne peut être responsable que des accidents

résultant des imperfections de son installation, soit comme insuffisance d'équipages eu égard aux habitudes du travail, soit de la mauvaise qualité de son matériel.

Cependant, les Tribunaux ne jugent pas toujours les causes à ce point de vue, et c'est regrettable, car il faudrait enfin arriver à laisser à chacun les inconvénients de sa situation propre.

Aux ouvriers, les accidents inhérents au métier ; à l'entrepreneur, ceux relatifs à la direction du travail et à l'installation générale de l'outillage.

Toutefois, nous le répétons, les difficultés pour l'entrepreneur de s'occuper de ces détails contentieux, lui font souvent accorder des indemnités injustes et onéreuses, d'autant plus que les ouvriers sont généralement disposés à renchérir sur la gravité de leur blessure ; s'ils se font accorder une indemnité importante, ils considèrent leur action comme de bonne guerre.

Aussi les compagnies d'assurances établies sont-elles appelées à rendre de grands services ; l'une d'elles, la Sécurité générale, instituée depuis deux ans seulement, est en voie de prospérité et présente des avantages réels.

Moyennant une prime de   à   par journée de 10 heures de travail, l'ensemble des ouvriers est assuré.

Les catégories d'accidents sont au nombre de trois selon que se produit :

1° Le chômage ;

2° L'incapacité permanente de travail ;

3° La mort d'homme.

Les indemnités accordées par la Cie sont variables suivant la prime.

2,50 par jour de chômage,

300 fr. de rente viagère,

3000 fr. de capital aux ayants-droits,

correspondent à 1 1/2 0/0 sur le montant en argent des salaires.

Quelle que soit la faiblesse de ce coefficient de prime, la retenue totale par année constitue un chiffre important.

Cette retenue doit-elle être supportée par les ouvriers ou par les entrepreneurs ?

Il n'est pas douteux, en toute équité, que les uns et les autres doivent y contribuer, car ils sont garantis tous les deux contre les accidents qui leur incombent.

Dans quelle proportion ?

Aucune statistique n'a jamais été faite pour éclairer ce sujet. A première vue, la partie la plus avantagée par l'assurance c'est l'ouvrier. N'est-il pas en effet de première importance pour lui d'être assuré d'un secours *presque dans tous les cas !*

L'entrepreneur ne bénéficie, lui, que pour le cas grave (heureusement rare), son intêret à l'assurance est moindre.

Nous croyons qu'en répartissant la prime en 1/3 pour l'entrepreneur et 2/3 pour les ouvriers, ce serait équitable.

Nous avons vu commencer le système des retenues aux ouvriers à peu près dans cette proportion et nous constatons que fort peu de réclamations de leur part se sont élevées.

Ils paraissent toutefois craindre que l'assurance ne spécule sur leurs retenues et ne fasse des gains sur leur argent.

Ils aimeraient mieux que ce fût leur patron seul qui administrât ces fonds de secours.

Il y a évidemment sur le point même de l'institution des assurances matières à réflexions. L'expérience parlera.

Les obligations des Compagnies sont graves et toute réputation de spéculation trop intéressée pourrait les discréditer et entraîner leur ruine. Ce serait à recommencer sur d'autres bases, car l'association est nécessaire pour donner la puissance indispensable à toute œuvre de secours.

Afin de bien suivre le mouvement des primes et des retenues, il faut ouvrir un compte à l'assurance et aux retenues.

Le 1er est débité de toutes les primes payées.

Le 2e est crédité de toutes les retenues faites.

A la fin de l'année ils sont soldés l'un par l'autre et le solde représente la part contributive de l'entrepreneur, il est absorbé par profits et pertes.

DES COMPTES ; EFFETS A PAYER ; EFFETS A RECEVOIR ; CAISSE.

Ces comptes commerciaux ordinaires n'offrent aucune particularité dans l'entreprise de travaux.

Le 1er, celui d'*effets à payer*, est crédité des billets que l'entrepreneur souscrit ou des traites acceptées par lui, par le débit des personnes qui reçoivent en paiement ces billets ou ces traites acceptées.

Il est débité des sommes payées aux échéances en acquit des effets souscrits par le crédit du compte de caisse.

Le solde de ce compte doit toujours être créditeur si toutefois la balance égale ne s'est pas produite en cours d'exercice par suite du paiement intégral de tous les effets souscrits.

Le solde créditeur est égal au montant des billets ou effets non acquittés encore en circulation. Il est bon, à chaque fin d'exercice, lors de l'établissement de l'inventaire, de dresser un état détaillé de ces billets en circulation contenant l'ordre, les dates de l'émission et de l'échéance.

Si au moment de l'échéance, les billets présentés ne sont pas payés et que par suite de conventions nouvelles avec le premier endosseur, cette échéance soit reportée à une époque plus éloignée, le paiement des billets échus étant fait par l'endosseur, ce dernier est crédité de la somme payée par lui, par le débit du compte d'effets à payer. Il faut alors créer de nouveaux effets, c'est un *renouvellement*. L'écriture se passe comme à la première émission, c'est-à-dire que le compte d'effets à payer est crédité à nouveau du montant des effets souscrits en renouvellement par le débit de la personne qui les reçoit en payement.

Il n'est pas inutile de dire ici que l'entrepreneur doit se tenir en garde contre la facilité que lui offre pour faire ses paiements la création de billets. Outre les pertes des remises faites par les fournisseurs payés comptant, il s'affranchit du présent mais s'engage irrévocablement pour l'avenir, sans posséder de recours vis-à-vis de son débiteur, le propriétaire, du moins en temps utile pour faire face à ses engagements.

Dans l'état actuel de notre législation, l'entrepreneur est lié et à la merci du propriétaire. C'est une injustice regrettable et que rien ne peut autoriser au point de vue du droit.

Dans les traités à forfait, il y a des époques de payement qui garantissent l'entrepreneur, mais beaucoup de travaux se traitent encore au métré avec rabais sur les prix de série ; dans ce cas, l'entrepreneur aux prises avec la lenteur de la vérification, n'est payé quelquefois que plusieurs années après l'exécution de ses travaux; pendant ce temps, les intérêts de ses avances courent et viennent trop souvent dévorer ses bénéfices.

Dans les travaux à forfait même, il y a souvent abus contre l'entrepreneur en retardant l'époque de la réception. Le paiement de la retenue faite en cours d'exécution comme garantie doit se faire dans un délai de.......... à partir de cette réception ; toute prolongation de ce délai constitue des pertes d'intérêts très-préjudiciables, et dans ces derniers temps de combinaison on a vu l'excès poussé à tel point, que des propriétaires d'immeubles payaient leurs entrepreneurs avec les produits de leurs loyers.

Ce système avait pour conséquence la propriété acquise à l'avance, sans fonds préalablement disponibles pour payer les dépenses de construction.

Le 2e, celui d'*effets à recevoir*, est débité de tous les billets, traites, effets reçus de divers, en payement de travaux, de fournitures ou d'espèces en compte par le crédit des comptes des parties qui les ont remis. Le solde de ce compte ne peut être que débiteur, à moins que à la clôture des comptes pour un inventaire, tous ces effets n'aient été donnés en paiement, auquel cas, le compte des effets à recevoir est balancé.

Lorsqu'il y a solde débiteur, le montant de ce solde représente la valeur des effets en portefeuille. Il est utile d'en dresser un état contenant les noms des souscripteurs, tireurs, endosseurs et les dates des échéances.

Laisser dormir des effets en portefeuille jusqu'à l'échéance, n'est possible que lorsque l'encaisse métallique est important, cela permet de gagner la remise des paiements, faits en espèces ; mais généralement les effets sont mis en circulation, il faut échelonner leur sortie de telle façon qu'elle corresponde aux termes accordés pour les paiements, trois mois après la fin du mois de livraison habituellement. De cette manière, l'entrepreneur n'aura pas à payer de compensation, au contraire, il réclamera les bonifications dues pour délais plus courts que trois mois d'échéance.

Si à l'échéance d'un effet endossé, le souscripteur ne le paye pas, il peut y avoir renouvellement ; dans ce cas, l'entrepreneur paie le montant de l'effet et reçoit en échange un billet nouveau à échéance convenue avec un dédommagement d'escompte. Le compte d'effets à recevoir est crédité par le débit du compte du souscripteur, puis débité du montant des effets souscrits à nouveau par le crédit du compte du souscripteur; toutes choses restent égales, sauf le montant du dédommagement, qui doit être passé aux profits et pertes.

Si le renouvellement est refusé, il faut recourir au protêt immédiat dans les délais, afin de conserver ses droits.

Le 3e, celui *de caisse*, représente le mouvement des recettes effectuées et des dépenses payées.

Son solde ne peut être que débiteur, à moins que l'on ait à la fin d'un exercice autant payé que reçu.

Le solde débiteur est égal aux espèces renfermées dans la caisse.

Il faut, le plus souvent possible contrôler son encaisse. Pour cela, il faut dresser l'état nominal des espèces :

Billet, de 1000 fr.
de 500
de 100
de 50
de 5
Or 100 fr.
50
40
20 fr.
10
Argent 5
1 et 2
Billon

Total

Ce total doit être égal au solde débiteur du compte de caisse, autrement il y a erreur.

Il faut alors revérifier les additions d'abord, puis si l'erreur n'est pas retrouvée, examiner les pièces de caisse constatant les recettes et les paiements, et les comparer aux articles écrits au *Livre de caisse*.

Naturellement, le compte de caisse est débité de toutes les recettes par le crédit de ceux qui les versent et crédité de tous les paiements par le débit de ceux qui sont payés.

DU COMPTE DES PROFITS ET PERTES CHEZ LES ENTREPRENEURS.

En principe, ce compte ne doit renfermer que les bénéfices ou les pertes résultant de la balance finale de chaque compte de bâtiment, parce qu'il importe essentiellement, pour qu'une comptabilité d'entrepreneur soit bien tenue, que toutes les dépenses soient loties au fur et à mesure qu'elles se produisent, se règlent ou se paient par bâtiment.

Toutefois, les remises ou escomptes pour prompts paiements sont généralement portés au moment où ils se produisent à l'avoir du compte de profits et pertes. Ils constituent ainsi un bénéfice acquis d'après la tenue des écritures.

En effet, il est indispensable de débiter chaque bâtiment du montant intégral des fournitures à la fin de chaque mois, sans avoir égard à la réduction de l'escompte, qui peut ou non être retenu dans l'avenir.

De là une surcharge des dépenses égale au montant des escomptes plus tard retenus, mais qui ne peut être que salutaire aux appréciations de l'entrepreneur consultant ses dépenses, puisqu'elle le stimule davantage sur la nécessité de faire opérer ses rentrées de fonds.

Les frais généraux et la dépréciation des équipages doivent être : les premiers, amortis totalement ; la deuxième, évaluée chaque fin d'exercice, et portés directement au débit de chaque atelier. Ils ne paraissent donc aucunement dans le compte de profits et pertes.

S'il y a eu des emprunts, les intérêts, et commissions payées doivent être portés au débit du compte de profits et pertes. Il en est de même des intérêts des comptes courants des associés ou autres s'il y en a.

Les versements faits à valoir par le propriétaire, ayant été portés régulièrement au crédit d'un compte de bâtiment, si la dernière somme pour solde des travaux a été payée, le chiffre des recettes ou du crédit est arrêté définitivement pour ce bâtiment.

Si d'un autre côté toutes les dépenses relatives à ce même bâtiment sont payées et portées aux livres, le débit de ce compte est clos.

Le solde du compte détermine alors le résultat de l'affaire ; si ce solde est créditeur, il y a bénéfice d'autant ; s'il est débiteur, c'est une perte égale.

Le compte des profits et pertes s'empare de la solution ; il est débité ou crédité.

On voit donc qu'il n'est pas possible de terminer un compte de bâtiment avant que la liquidation ne soit achevée complétement, soit en dépenses, soit en recettes, autrement, en tirant trop promptement le résultat, il pourrait arriver que plus tard, des opérations concernant ce compte vinssent à se révéler et à infirmer les chiffres déjà portés aux profits et pertes.

Ce qui dans le cas d'intéressés à un taux de tant pour cent dans les bénéficcs, peut avoir des inconvénients très-graves.

Si au moment d'un inventaire les opérations d'un bâtiment ne sont pas terminées, le compte n'en est pas moins soldé, mais, continué à nouveau. Ce solde ne donne qu'une situation approximative de la situation réelle des travaux comparée avec la situation commerciale constatée par les livres ; car, nous ferons remarquer ici que la situation exacte d'une affaire ne peut être fixée absolument par les écritures au moment d'une balance. Cela provient de l'écart qui presque toujours existe entre les travaux réellement exécutés et les à-comptes versés par le propriétaire, écart qui ne peut s'exprimer numériquement que par des situations de travaux métrés et évalués.

Il reste donc généralement dû à l'entrepreneur des sommes non constatées par ses écritures et qui résultent des faits ci-dessus.

Le compte de profits et pertes est soldé par celui de capital à la fin de chaque exercice ; le montant de ce solde représente les pertes s'il est débiteur ; les bénéfices, s'il est créditeur et cela dans le cours de l'exercice.

DU COMPTE DE CAPITAL.

Ce compte représente et résume finalement les résultats d'une entreprise de travaux. Il doit liquider ou solder à la fin de chaque année le compte de profits et pertes et sa situation finale doit être partagée entre les associés au prorata de leurs droits dans les résultats généraux, soit en perte, soit en bénéfice.

Ce compte, au début des opérations, doit être crédité des apports des associés tels qu'ils ont été fixés dans l'acte de société ou les conventions, et cela par le débit de chaque associé.

Il est crédité également de la valeur des objets qui auraient pu être acquis à frais communs avant le commencement des travaux, tels que : matériel et équipages, chevaux, matériaux, etc.

Au début, le crédit de ce compte représente donc le capital d'apport. Ce crédit s'augmente ou diminue à chaque inventaire des profits ou pertes, résultant du solde du compte des profits et pertes jusqu'à ce qu'il ait atteint le chiffre fixé par l'acte de société comme *capital d'apport et de réserve* ; le surplus des résultats est porté à chaque inventaire au débit ou au crédit du compte courant de chaque associé et produit des intérêts à leur charge ou à leur bénéfice suivant les cas.

Il est important de suivre rigoureusement les prescriptions contenues dans l'acte de société pour opérer la distribution des parts revenant à chaque associé en dehors du capital.

Attendu que le compte courant de l'associé ne doit renfermer à son crédit que les sommes lui revenant strictement. Autrement, l'esprit de prudence qui a présidé à la conservation dans les affaires d'un capital de réserve serait détourné et les associés viendraient prélever d'une façon anticipée des produits détruisant ainsi leur masse de garantie.

En liquidation finale, le compte de capital est soldé par les comptes courants de chacun des associés qui s'en divisent le montant proportionnellement à leurs droits.

DU RÈGLEMENT DE COMPTE ENTRE ASSOCIÉS.

Partage définitif.

Comme nous l'avons dit précédemment dans le chapitre du compte de capital. « En liquidation finale, le compte de capital est soldé par les comptes courants de chacun des associés qui s'en divisent le montant proportionnellement à leurs droits. »

A ce moment, tous les comptes étant soldés, il ne reste plus en présence que les comptes des associés qui peuvent ne pas présenter des situations égales, si le mouvement des comptes courants n'a pas été limité aux conventions ou a été libre de sa nature.

Il en résulte alors des situations respectives entre associés à équilibrer. Ils deviennent débiteurs ou créditeurs les uns vis-à-vis des autres, et s'il n'y a point règlement immédiat, les intérêts doivent courir à nouveau.

Quand les prescriptions de l'acte social ont été suivies de point en point, il n'y a point de liquidation finale à opérer entre les parties ; la caisse sociale a dû l'opérer elle-même, ce qui est de bonne gestion.

DIVERSES DONNÉES SUR L'ADMINISTRATION GÉNÉRALE D'UNE ENTREPRISE DE TRAVAUX.

Le service des approvisionnements de matériaux est d'une grande importance. Les quantités respectives de matériaux par nature spéciale nécessaires à l'édification du bâtiment en projet doivent d'abord être calculées avec soin, en se conformant aux exigences du devis, de manière qu'il ne puisse rester sur chantier ou en magasin des matériaux inemployés après la construction achevée, la valeur de ces matériaux, de la pierre surtout, subissant dans ce cas une dépréciation très-onéreuse.

D'un autre côté, la connaissance des quantités de matériaux nécessaires permet de traiter plus fermement avec le fournisseur et dans certains cas d'obtenir une réduction du prix d'achat.

L'approvisionnement des petits matériaux et des produits légers, tels que le moellon, la brique, les poteries, la chaux, le ciment, le plâtre, se fait ordinairement au bâtiment même au fur et à mesure des besoins.

C'est le chef d'atelier ou maître compagnon qui doit

vérifier au moment du déchargement l'exactitude du bon de livraison du fournisseur.

Ces bons sont en double, l'un est signé du maître compagnon et remis au charretier du fournisseur, l'autre est conservé par lui pour être remis au bureau de l'entreprise.

Cette remise des bons doit être faite au moins chaque samedi par le maître compagnon, et afin d'éviter les causes d'incertitude dans les livraisons, dans le cas de la perte d'un ou de plusieurs bons, il doit inscrire chaque jour sur un carnet de fournitures les bons de matériaux et matières reçus par lui. Ce carnet est remis à la fin de chaque mois au bureau de l'entreprise. Sur ce carnet doivent être inscrites également jour par jour les fournitures enlevées pour les autres bâtiments, les voies de gravois enlevées par les charretiers divers, enfin toutes les notes nécessaires à la vérification des factures des fournisseurs ou des comptes des tâcherons.

Au bureau de l'entreprise il est à désirer qu'un employé soit chargé d'enregistrer sur un *livre des fournisseurs* aux comptes desdits tous les bons provenant des bâtiments, et cela sans aucun retard, de telle sorte que l'état de l'approvisionnement puisse toujours être promptement constaté.

A la fin de chaque mois les factures des fournisseurs sont vérifiées avec l'aide des inscriptions faites sur ce livre des fournisseurs ou des bons eux-mêmes et les résumés établis sur le dit livre ou sur les factures elles-mêmes par bâtiment et plus tard acquittés par les fournisseurs.

Afin d'éviter les lenteurs dans la production des factures

par les fournisseurs, il est bon de les inviter, par une circulaire, de remettre régulièrement ces factures dans la huitaine qui suit le mois écoulé sous peine de voir remettre leur paiement au mois suivant.

CORVÉES, MUTATIONS, CONTROLE DES DÉPENSES, CONFECTION DES ROLES.

On désigne sous le nom de *Corvées*, les travaux de réparations, d'entretien ou de réfection, de parties de bâtiments généralement peu importants, pour une maison seule, mais dont la masse peut constituer une somme considérable.

Ces travaux disséminés sur tous les points sont d'une direction et d'une surveillance difficiles, c'est pourquoi dans les entreprises bien menées, ils font l'objet d'un service tout spécial composé d'un commis, d'un métreur et de quelques chefs d'ateliers ou premiers ouvriers qui, tout en travaillant eux mêmes, ont en main la direction du travail.

Les soins donnés aux métrages sont absolument nécessaires. Les travaux doivent être relevés au fur et à mesure de leur exécution sous peine d'en perdre beaucoup.

Pour s'aider dans le contrôle de ces travaux, il est bon d'avoir un livre, *répertoire des corvées*, sur lequel sont inscrits les dates du commencement et de la fin de chaque corvée ainsi que celle du métrage qui en a été fait, les noms et domicile du propriétaire, de l'architecte, du vérificateur.

Il est facile de voir sur un semblable livre ...ment de ses travaux et l'exécution des mémoires.

Autant que possible, il est nécessaire de faire ... donner les matériaux spécialement pour les co... afin d'éviter toute confusion de dépenses avec les ... neufs, mais c'est presque impossible ; dans la pratique ... prises de matériaux aux gros bâtiments sont ... faites par les compagnons des corvées.

Afin de bien constater l'importance de ces pris... en débiter les corvées par le crédit du bâtiment ... donne, il est de toute nécessité que chaque maître ... pagnon prenne bien note sur son carnet de tou... sorties qui s'effectuent de son chantier. A la fin du ... le commis des corvées remet au bureau un état g... de ces *mutations* de matériaux. Les déclarations d... état doivent coïncider avec celles des maîtres com... gnons.

De l'exactitude des attributions des dépenses dé... celle des résultats trouvés par corvées.

Il est clair que si les mutations n'étaient pris... compte qu'imparfaitement, les corvées pourraient p... ter des gains superbes et cela au détriment des gros ... ments neufs.

Les dépenses relatives aux travaux sont représent... par des factures, des mémoires, des rôles de journ... des bons de paiement d'ouvriers.

Les factures sont présentées à la fin de chaque ... par les fournisseurs.

Les mémoires par les tâcherons, marchandeurs, ...

et à mesure de l'achèvement de leurs travaux ou de parties complètes de leurs travaux.

Les bons de paiement d'ouvriers sont remis par le chef d'atelier ou maître compagnon à chaque ouvrier renvoyé.

Les rôles de paye d'ouvriers sont rédigés à la fin de chaque mois et servent entre autre chose à donner le compte de chaque ouvrier en heures ou journées, les à-comptes reçus sont déduits.

Les factures sont vérifiées pour les quantités au moyen des bons de livraison remis par le fournisseur au moment même de la livraison et contrôlés sans retard par le chef d'atelier. Les prix d'application sont donnés par les traités ou marchés passés ou par les conventions verbales. Il est nécessaire de bien prendre note des prix convenus, à l'instant même en les inscrivant sur son carnet, car plus tard la mémoire peut faire défaut et des difficultés peuvent surgir entre les parties à l'époque du règlement.

Les produits et les totaux des factures doivent être vérifiés en refaisant tous les calculs sans exception.

Les différences sensibles doivent être signalées immédiatement aux fournisseurs, avec invitation de fournir leurs preuves s'ils en ont.

La vérification des factures des carriers, se fait au moyen des lettres de voiture délivrées par les agents de la ville préposés aux mesurages des pierres. Le charretier donne une copie de cette lettre au chantier de l'entrepreneur, l'autre copie reste aux mains du carrier jusqu'au paiement.

Ces lettres contiennnent :

La nature de la pierre ;

Le cube par blocs ;

Les noms du carrier et de l'entrepreneur ;

Celui du charretier.

Bien que le mesurage soit exécuté par des agents de l'administration dont la probité ne peut être douteuse, l'entrepreneur fait vérifier ces cubes.

Les causes de diminution sont :

Les fils et délits, les épauffrures, les chaises, etc., tous vices se rapportant à la qualité inférieure de la pierre ; aux défauts de soins apportés aux chargements et déchargements ; à l'extraction et à la façon de la pierre en carrière.

En hiver, la gelée constitue un cas spécial pouvant produire des suppressions entières de bloc.

Toutes les réductions provenant des causes ci-dessus sont déduites des cubes portés sur la lettre et par bloc, la différence est seulement payée au carrier.

Quant les différences trouvées sont importantes, le carrier doit être prévenu avant le traitement ou l'emploi du bloc pour qu'il puisse se rendre compte des réductions.

Afin d'éviter les difficultés provenant des détails de cette vérification, on traite assez souvent à un taux fixe de réduction.

Trois et trois et demi pour cent pour la pierre tendre et le banc royal.

Un et deux pour cent pour la roche et le liais.

Dans ce dernier cas, il faut aussi exercer une surveillance continuelle sur les arrivages de pierre, car les bris aux déchargements, le délit, la gelée, produisant des gros déchets ne peuvent être compris dans les taux ci-dessus, qui ne comportent que la vérification ordinaire.

L'employé ordinairement chargé de la vérification de la pierre est un métreur qui établit concurremment les comptes des sciages et tailles de pierre ; c'est quelquefois l'appareilleur lui-même ou son souffleur.

On comprend l'importance pour l'entrepreneur de bien gérer son affaire pierre, quand on voit les énormes cubes de déchet laissés dans un chantier après les travaux, déchets souvent perdus en grande partie, eu égard aux imperfections des prix alloués.

INDICATIONS DES NATURES DE PIERRE ORDINAIREMENT EMPLOYÉES A PARIS DANS LES CONSTRUCTIONS.

Fondations.

Béton, cailloux, sable et chaux.
Libage, roche Saint Maximin (Oise).
— tendre —

Rez-de-chaussée.

Socle en Laversine (Aisne).
— en Laforêt (Aisne).
— en Euville (Meuse), au-dessous du socle jusqu'au bandeau.
Pargny (Aisne) ou B. Royal Marly.
Larrys, Dubier (Yonne).
Lérouville (Meuse).

Le bandeau ou le balcon en Chauvigny, 1er choix, (Vienne).

1er Étage et suivants.

Vergelé Saint Waast (Oise).
Parmain (Oise).

L'entablement.

Banc royal de Saint Waast.
Les cheminées et têtes en bon Vergelé de Saint-Waast.

Passages voûtés.

Socle en Pargny.
Du sol à la naissance et compris la voûte : { Courson choisi (Yonne). Château-Gaillard (Vienne).

Murs, pignons.

Meulière, ou moellon, hourdé en mortier de ciment jusqu'au 2e étage ; le reste hourdé en plâtre.

Distribution des caves.

Meulière moellon, ou briques hourdées en ciment.

Les murs de refends en moellon ou briques.

Les mémoires des tâcherons comprennent, comme tous les mémoires, deux éléments principaux :
Le métré.
L'application des prix.
Le métré se vérifie sur place, les dimensions portées

...s sont toutes contrôlées et les véritables ...tes à l'encre rouge au lieu et place des ancien... les changements provenant de ces modifications ...néralement écrits à l'encre rouge.

...quefois par convention, le mémoire de l'entrepre... ...e celui du tâcheron.

...dernier consent un rabais de... sur le montant des ...x exécutés par lui tel qu'il est réglé à l'entrepre... C'est une manière de traiter sûre pour l'entrepre... ...ais limitative du résultat.

...maîtres compagnons doivent inscrire sur leur car... ...cotes relevées en cours d'exécution des travaux et ...es au métrage. Ils doivent également prendre note ...fournitures et main-d'œuvre faites par eux pour le ...te des tâcherons, afin que la valeur de ces articles ...déduit du montant de leurs travaux.

Chaque maître compagnon possède en outre d'un car... ...de fournitures et notes de chantiers, un carnet de ...ches sur lequel sont inscrits heure par heure, jour par ...les noms et qualités des ouvriers et le nombre ...ures de travail fait dans la journée. Ces carnets sont ...és par petites colonnes, de manière que chaque jour ...it la sienne. Les dimanches sont indiqués par deux ...s croisés. Le pointage journalier se fait avantageuse... ...nt en plaçant les unités au-dessus du trait vertical ...résentant une dizaine.

Maçons	1	2	3	4	5	6	7	8	9	10	11	12	13	14	Quantième du mois.
	2	3		6	.	2		.	.	2			2		
Didier	1	1	1	0	1	0	*	1	1	1	1	1	0	*	heur. de trav. = 130
						10							5		A-comptes à l'encre rouge = 15.
		3	.	.	2	5				3	5				
Balan	1	0	1	1	1	0	×	1	1	0	0	1	0	*	100 heures.

D'après l'exemple qui précède il est visible que la clarté la plus grande est offerte par ce procédé.

Les à-comptes sont placés à l'encre rouge sur la ligne au-dessous de celle des heures et à leurs dates ; ces à-comptes sont versés ordinairement une fois par semaine : le samedi, quelquefois deux les mercredis et samedis.

Il est important lorsqu'un ouvrier demande un à-compte de voir ses journées faites, afin de ne pas dépasser l'évaluation de son temps, car dans ce cas cet ouvrier serait en déficit le jour de son paiement final du mois et généralement c'est autant de perdu.

La distribution des à-comptes se fait sur le tas par les soins directs du maître compagnon ou autres chefs d'atelier.

Des bordereaux d'à-comptes sont dressés par ces derniers la veille du jour de la distribution, le détail de ce bordereau doit être transcrit au carnet de journées sous le nom de chaque ouvrier aussitôt la remise de l'à-compte et sans aucuns changements. Les bordereanx d'à-compte sont en double. La minute est remise à la caisse de l'entreprise et vaut décharge pour le caissier, la copie reste aux mains du maître compagnon, pour l'aider dans son inscription des à-comptes sur son carnet de journées.

Lorsqu'un ouvrier est renvoyé, le chef d'atelier doit lui délivrer sans retard un bon de renvoi donnant les détails de son compte. Les à-comptes reçus sont indiqués.

C'est sur la présentation de ce bon que l'ouvrier est payé à la caisse de l'entreprise. Ce bon laissé au caissier lui vaut décharge.

A la fin de chaque mois tous les carnets de journées et de métrage doivent être remis au bureau central de l'entreprise.

Le rôle de paye est alors établi en se servant de ces documents.

L'inscription des noms des ouvriers se fait par catégorie de spécialités diverses dans chaque industrie dans un ordre de préséance basée sur l'importance de la spécialité.

Dans la maçonnerie que nous considérons à juste titre comme l'industrie mère du bâtiment, voici la nomenclature ordinaire :

Appareilleurs, agents qui tracent la pierre, en dirigent les tailles, sciages, choix et emploi.

Métreurs, agents qui mesurent les pierres reçues et les travaux exécutés par les ouvriers.

Tailleurs de pierres ravaleurs, ceux qui achèvent les façades du bâtiment et lui donnent son caractère architectural en poussant les moulures, etc.

Garçons ficheurs, aides des ficheurs

Garçons maçons, aides des maçons.

Garçons limousins, aides des limousins.

Garçons de relai, ne servent pas de compagnons, bardent les petits matériaux à la main ou à la brouette.

Gardiens, hommes veillant au chantier le jour et la nuit, habituellement un vieux soldat.

Les charretiers et les charrons étant portés sur un rôle spécial, forment une dépense à la charge des comptes de transports ou de magasin.

Les mécaniciens et chauffeurs, si les montages sont mus par des locomobiles, sont portés au rôle général.

Tous les noms des ouvriers étant inscrits par catégories, dans l'ordre précédent. Les totaux des heures de travail qui les concernent sont placés en regard de leurs noms ainsi que le prix de la journée ou de l'heure et le produit, puis le montant des à-comptes et le reste à payer ; le total de ces restes à payer forme le montant de la paye.

Il est indispensable que tous les paiements faits antérieurement au jour de paye soient refoulés dans la colonne des à-comptes ou ils sont égaux aux produits et balancés, de façon que les paiements à faire le jour de la paye soient les seuls qui existent dans la colonne des restes à payer.

Au fur et à mesure que les paiements s'effectuent, les constatations de ces paiements sont inscrits dans la colonne des émargements par l'expression : Payé le. . . . . .

Cet émargement donne décharge au caissier. Toutefois, un aide ou commis doit tenir le jour de paye une liste complète de tous les ouvriers exactement la même que celle du rôle et porter au moment même du paiement de l'ouvrier la somme à lui payée ; cette *liste-contrôle* est totalisée et donne le montant payé le jour de paye.

Tous les ouvriers qui n'ont pas été payés le jour de paye ou antérieurement deviennent des *retardataires* et sont émargés au fur et à mesure de leur paiement jusqu'à acquittement complet du rôle. Toutefois, il est urgent de faire délivrer des bons par les maîtres compagnons constatant l'identité de l'ouvrier inconnu du caissier et laissant une pièce de caisse probante de l'acquit, autrement il n'y a pas de contrôle.

Les réclamations pour erreurs ou omissions ne peuvent être écoutées le jour de la paye, autrement elles seraient interminables. Les réclamations sont faites directement par les ouvriers à leurs chefs d'atelier respectifs, après examen, ces chefs d'atelier remettent un bon de réclamation contenant les quantités d'heures ou le métrage réel ; le caissier fait la défalcation de ce qui a été payé précédemment et verse la différence.

Un registre spécial des réclamations contient tous les détails de ces paiements et les causes succinctes qui ont amené l'erreur, c'est un indicateur à consulter.

Le Payeur ou caissier ne peut régler seul que les erreurs de calculs ou celles matérielles provenant d'un paiement inférieur fait par lui, mais en général le chef d'atelier et le Payeur doivent être employés à la fixation de l'erreur.

Les bons de réclamations remis au Payeur lui valent décharge après leur acquit.

Les réclamations étant payées en dehors des rôles sont portées directement au débit de chaque compte de bâtiment sous la rubrique : *rectifications de comptes d'ouvriers.*

De tout ce qui précède, il ressort que les opérations de la caisse et le mandatement des salaires par les chefs d'atelier se contrôlent réciproquement. Au-dessus doit venir le contrôle de l'entrepreneur lui-même ou du chef comptable qui le représente pour cet objet.

DES MENUES DÉPENSES DE CHANTIER.

Le chef d'atelier est habituellement chargé de payer les petites dépenses, fournitures, etc., relatives à son chantier, les suppléments d'eaux, l'huile, le jaune, le rouge, etc., sont dans ce cas.

Il doit demander des factures acquittées aux fournisseurs et les mettre à l'appui d'un état de dépenses qui lui est remboursé à la caisse.

Le compte de bâtiment est débité directement du montant de ces dépenses par le crédit du compte de caisse.

DE L'INVENTAIRE.

Les inventaires s'établissent quelquefois à la fin de chaque semestre, c'est-à dire deux fois l'an, fin Juin et fin Décembre, ou bien simplement une fois l'an à la fin de l'exercice, fin Décembre.

Il faut procéder d'abord par l'établissement de la balance générale des comptes au jour de l'inventaire. Tous les totaux des comptes ouverts sont arrêtés à ce jour au grand livre, ainsi que le total des articles du journal.

D'après le principe fondamental même de la partie double (tout compte qui reçoit doit à celui qui donne); au grand livre le total des débits doit être égal à celui des crédits et l'un et l'autre de ces totaux égal au total du journal ou bien les équations suivantes :

Débit = Crédit.

Débit = Journal.

Crédit = Journal.

S'il y a des différences, il faut vérifier les écritures, les totaux des articles de divers et le total général du journal, puis pointer les articles du journal avec le grand livre et vérifier les totaux des comptes au grand livre et les totaux généraux de la balance.

Afin d'éviter les recherches pénibles, il est nécessaire de faire des balances mensuelles ou trimestrielles ou semestrielles, selon l'importance du mouvement des opérations.

Les écritures ayant été vérifiées, complétées ou modifiées et la balance étant exacte, il faut : frapper de dépréciation les comptes représentant des objets en nature.

Le matériel et les équipages 1/4 ou 1/5 de sa valeur l'an,

Les chevaux d'après leur état et le cours.

Les bâtiments, affectés au service d'après leur état de conservation.

Les immeubles sociaux de l'entreprise d'après leurs

loyers actuels ou le cours de vente, s'il y a abaissement de valeur.

Ces dépréciations sont des pertes. Le compte de profits et pertes est débité de leurs évaluations par le crédit des comptes ci-dessus.

Les comptes des valeurs mobilières, actions, obligations, emprunts, etc., sont représentés par un débit formant leur valeur d'achat. Ce débit doit être ramené au cours du jour de l'inventaire, par un article de débit ou de crédit selon qu'il y a bénéfice ou perte relativement à l'achat ; nous ferons remarquer ici qu'il est toujours possible, même journellement, de redresser la valeur en capital de toute espèce de titres pour le mettre égal à celle du cours du jour.

La tenue des livres se prête à la passation des écritures de toute espèce de faits civils, commerciaux ou industriels évalués en argent

Le compte des frais généraux est balancé ou soldé en le répartissant par bâtiment.

Le compte de magasin est rétabli à sa juste valeur au moyen de l'inventaire des matériaux réellement en magasin le jour de l'inventaire commercial, estimé à leur valeur actuelle ou relative.

Enfin tous les comptes de bâtiments terminés et dont les dépenses et les recettes sont closes sont soldés par profits et pertes.

Le compte de profits et pertes après les prélèvements des parts par les associés, d'après les conventions est soldé par le compte de capital.

Le solde du compte de capital résume la situation au jour de l'inventaire, s'il est créditeur il y a bénéfice ; s'il est débiteur il y a perte.

Ce compte, comme on le voit, donne le résultat de la liquidation qui serait faite au jour de l'inventaire et dont les chiffres particuliers seraient ceux de l'inventaire.

Les débits ou soldes débiteurs des comptes représentent l'actif.

Les crédits ou soldes créditeurs des comptes représentent le passif.

La différence en faveur de l'actif c'est le capital.

La différence en faveur du passif est un passif, une dette nouvelle ou une perte.

Voici un spécimen d'un état d'inventaire.

Actif :

Caisse. Espèce en caisse suivant l'état. .	6580f00
Banque de France, espèces à la banque.	20000,00
Maison, rue du 4 septembre, valeur d'achat	300000,00
T*. Carrichon, rue de Naples, excédant des dépenses sur les recettes (découvert). .	85615,21
T*. Jaunefiel, rue Lépic, 10, dépenses en 1871, rien de reçu.	6809f00
T*. Lemouchou, rue Port-Moihon, 7, dépenses en 1871, rien de reçu.	521,75
T*. Brancard, rue St-Jacques, 200, dépenses en 1871, rien de reçu.	78,50
Effets à recevoir, effets en portefeuille. .	2500,00

Magasin, valeur des matériaux en magasin.	6000,00
Matériel et équipages, valeur après dépréciation	35000,00
Chevaux, 8 chevaux à 600 fr. en moyenne.	4800,00
Actions du chemin de fer d'Orléans, 5 à 810 au cours de ce jour.	4050,00
Obligations Suez, 5 0/0 10 à 390 fr. au cours de ce jour	3900,00
Rentes 3 0/0, 1000 de rente au cours de 53,80 représente un capital de. . . .	17933,33
Rodilar, notre prêt à 6 0/0.	6000,00
(Les intérêts ont été payés par terme).	
Terrain, rue de Moscou, 900^{m} achetés en 1869 à 200 fr. le mètre, soit 180000 fr. déprécié en 1871 d'un tiers soit . . .	120000,00
Total de l'actif. . . .	619787,83

Cet actif peut se résumer ainsi :

Espèces en caisse et à la banque. . . .	26580,00
Maison et terrain.	420000,00
Avances sur travaux.	93024,50
Valeurs mobilières et rentes 3 0/0 . . .	25883,33
Argent prêté.	6000,00
Matériel et chevaux.	39800,00
Effets en portefeuille	2500,00
Matériaux en magasin.	6000,00
Total égal. . . .	619787,83

Passif :

Il est dû aux comptes suivants :

A Verdefield, son compte courant 6 0/0, associé, y compris intérêts	219000f 53
A François, son compte courant 6 0/0, associé, y compris intérêts.	80000,00
A Larcoux, marchand de briques à Rueil, ses fournitures de décembre dernier. .	1054,10
A Rongeasson, fabricant de plâtre à Noisy, ses fournitures de décembre dernier.	3022,00
A Lamouche, fabricant de ciment, ses fournitures en novembre et décembre	855,20
A Grosfier, marchand carrier, ses fournitures en décembre	10008,04
A Boulanger, marchand de moellons à Bagneux, ses fournitures en octobre, novembre, décembre.	613,65
A Langevin, marchand de sable, ses fournitures en mars dernier	216,00
A Fléchard, ferrures de calibres, ses fournitures en décembre dernier	85,15
A Feldoux, bourrelier, sa note, 2e semestre 1871.	322,00
A Grinsack maréchal, sa note, 2e semestre 1871.	275,00
A Beaudour vétérinaire, sa note, exercice 1871.	518,00

A Grospin, son prêt à 5 0/0, tous intérêts payés.	35000,00
A Lamballeur, tâcheron à plâtre, son reliquat, de compte	2300,00
A Filand, briqueteur, mémoire réglé . .	1510,00
A Cosecque, tâcheron de ravalement, solde de son compte	812f 00
A Doucineau, solde de son compte arrêté ce jour	1800,00
A Providevan, solde de tout compte arrêté ce jour	2500,00
A Planelli, solde de tout compte, y compris intérêts	25810,00
A Chapoulard, rue Bergère, excédant des recettes sur dépenses (couverture). .	38215,20
A La Pentad de Saumosi, rue Murillo, id.	75809,70
A Séchard et Cassédorium, rue de l'Arcade, idem	32607,08
A La Fiche, rue la Pépinière, idem . . .	1020,00
A Andoin, rue de Lyon, 35, idem . . .	36,00
A Truffault, commis, ses dépenses en décembre	12,50
A Lallouche, maître charretier, idem . .	115,00
A effets à payer, effets non échus à ce jour	16800,00
A Ouvriers, restant dû sur les rôles, y compris décembre	15613,80
Total du passif . . .	565930,95

Ce passif peut se résumer ainsi :

Associés, leurs comptes courants.	299000,53
Fournisseurs divers	16969,14
Tâcherons divers	4622,00
Divers créanciers par compte	30110,00
Emprunts	35000,00
Avances de commis	127,50
Effets à payer.	16800,00
Salaire dû aux ouvriers.	15613,80
Excédants reçus sur travaux	147687,98
Total égal . .	565930,95

L'actif étant de	619787,83
Le passif de	565930,95
Le capital sera de	53856,88

Ce dernier chiffre doit être égal au crédit du compte de capital au grand livre.

CONCLUSIONS.

Comme on a pu le voir dans les chapitres précédents, la première chose à faire quand on veut ouvrir une comptabilité, c'est de créer des comptes en rapport avec les besoins propres de l'industrie ou du commerce dont on s'occupe.

Pour atteindre ce but, le comptable doit s'éclairer de tous les renseignements fournis par les chefs de maison ou administrateurs et de ses lumières propres.

Les principes qui doivent guider dans la création des comptes sont :

1° La nécessité de mettre en lumière les dépenses difficiles à contrôler.

2° L'avantage de pouvoir connaître les prix de revient des branches encore peu connues d'une industrie.

3° L'abréviation et la concision des écritures de telle sorte qu'il soit possible d'exécuter rapidement la mise à jour des livres et de lire facilement les renseignements.

Pour ce qui concerne les travaux, les comptes sur lesquels l'attention doit être portée sont ceux de :

Transports ; de matériel et équipages ; et d'ouvriers, dont le mouvement doit être bien visible. Les entrepreneurs négligeant souvent la partie de leur service qui comprend les dépenses de leurs chevaux, fourrages, et l'entretien de leurs équipages souvent oublié ou remplacé par des achats de matériel inutile ; quant aux paiements des ouvriers, c'est un point tellement important qu'il serait superflu de démontrer l'urgence de la bonne organisation et de la surveillance quotidienne de ce service où des sommes divisées en petites parties sont souvent payées sans contrôle.

Laisser seulement aux chefs d'atelier la distribution des à-comptes et faire payer les soldes à un payeur, tel est le point essentiel.

Les comptes d'une maison étant déterminés, il faut disposer les livres auxiliaires de telle sorte qu'il puissent bien donner tous les renseignements pour bien passer les écritures au Journal sans omettre aucun incident principal de la vie commerciale ou industrielle.

Car la comptabilité doit être l'histoire résumée exacte et chronologique des affaires d'une maison.

Il deviendra de plus en plus indispensable aux industriels d'avoir sous les yeux des résumés statistiques qui puissent leur permettre de faire une étude approfondie des modifications à introduire dans leur fabrication ou dans leur administration pour surmonter les difficultés croissantes des salaires et de la concurrence.

En résumé, les avantages produits par l'esprit d'ordre et d'examen sont bien supérieurs aux résultats dus aux hasards de la vogue, au prestige des situations acquises, ou à l'abondance des capitaux.

L'esprit de routine, le monopole, engendrent la désaffection des métiers et l'exclusivisme.

Il faut constituer des ruches et non des caisses à triples armatures.

Travailler avec la science pour base et l'art pour émule.

Selon nous un des éléments principaux de prospérité d'une maison consiste dans l'importance et le choix de son personnel.

Il faut suffisamment d'agents pour desservir les diverses sections du service général et leur degré d'instruction et d'expérience technique doit être à la hauteur de leur mission.

Nous avons souvent entendu raisonner faux à cet égard par des entrepreneurs, hommes cependant capables, mais qui, soutenus qu'ils étaient dans leurs idées, par leur réussite moyenne dans leurs affaires, érigeaient en théorie, on ne sait quelle lésinerie, à propos d'employés et d'économies sur leurs Frais généraux.

Nous ne demandons pas de sinécures, mais les emplois nécessaires, et cela d'autant plus que tout le temps enlevé au chef de maison par des soins à donner aux détails, est préjudiciable à sa gestion personnelle qu'il ne peut déléguer, qui lui est spécialement dévolue.

L'entrepreneur par exemple, peut seul suivre efficacement le mouvement de ses confections de mémoires ou situations des travaux ainsi que celui des recettes. Lui seul connait à fond la situation générale et peut en discuter avec les architectes, ingénieurs ou propriétaires ; il faut donc qu'il soit dégagé de toute préoccupation des choses plus secondaires traitées par ses agents, et cette faculté pour lui de se maintenir dans la région supérieure de son administration est considérable, et se représente par des chiffres bien plus importants que les appointements des agents nécessaires aux rouages inférieurs qu'il faut porter aux frais généraux.

Les fonctions indispensables sont celles de :

Comptable chef,
Dessinateur chef,
Métreur,
Payeur-caissier,
Commis aux écritures,
Dessinateurs.

Nous ne parlons pas ici du personnel des chantiers d'une

importance tellement grande qu'il fait corps avec les travaux.

Pour bien faire ressortir l'avantage de la comptabilité pour un entrepreneur, nous reviendrons sur la question des recettes dont il s'occupe lui-même. Peut-on mettre en doute l'avantage pour lui de savoir ses dépenses réelles par atelier, sa couverture ou son découvert ?

Comment évitera-t-il de fausses démarches ? Il faut qu'il sache où frapper, sa comptabilité, voilà son *thermomètre financier*.

Nous sommes dans la nécessité de parler ici des objections faites par certains industriels, aux bienfaits de la comptabilité au point de vue de la nécessité fâcheuse selon eux, de confier leurs secrets à des tiers. La discussion sur ce point doit être très-limitée.

D'abord la loi exige à tout le moins un journal. Un homme dans les affaires ne s'appartient pas absolument, il représente des intérêts multiples et dans son intérieur, le jour doit éclairer ses mouvements ; s'il n'était que consommateur de rentes d'un capital acquis nous comprendrions les besoins de discrétion absolue, mais la vie commerciale est publique, et voyez les conséquences d'un système de dissimulation appliqué en grand : où trouver dans les contestations et liquidations, les traces des opérations ?

Le cachotier serait victime d'un plus grand cachotier : talion.

Se moraliser pour réussir est pour nous une maxime absolue, et la limpidité de ses faits et gestes commerciaux doit ressortir de l'examen de ses livres.

La comptabilité est un frein, et comme telle, nous serons toujours heureux d'en constater l'influence.

Toutefois, loin de nous la pensée d'attaquer la discrétion nécessaire à la réussite des affaires, nous sommes au contraire on ne peut plus partisan de la mesure et de la limite qui doivent exister dans les rapports des agents.

Il n'y a pas dans l'état actuel des choses, d'administration possible sans cela.

Le chef de maison ne peut prodiguer ses détails intimes, mais il doit investir de sa plus grande confiance son chef comptable, dont la situation doit être parfaitement libre dans la limite de sa gestion.

TABLE DES MATIÈRES

St-Nicolas-Varangéville. — Imprimerie Polytechnique de E. LACROIX, N. COLLIN successeur.

TRAITÉ

DE

COMPTABILITÉ ET D'ADMINISTRATION

A L'USAGE

DES ENTREPRENEURS DE BATIMENTS

ET DE TRAVAUX PUBLICS

DEUXIÈME PARTIE

APPLICATIONS ET TYPES

PAR **DUGUÉ**

Préambule.

Nous avons donné dans la première partie la description des comptes ainsi que leurs attributions, nous avons également parlé des livres soit auxiliaires soit commerciaux ou définitifs au moment même où leur usage était voulu.

Nous allons maintenant faire jouer le mécanisme de ces comptes et donner des notions sur la *tenue des livres*.

Les livres auxiliaires nécessaires à l'inscription immédiate des faits commerciaux qui se présentent ou s'accomplissent sont variables en quantité et en dispositif, selon la nature du commerce ou de l'industrie.

En général, ces livres sont destinés à constater les entrées et sorties de marchandises, matériaux, matières, espèces, billets, effets, etc.

Ou bien des notes particulières sur des mains-d'œuvre sur des charrois ou des travaux dont il est utile d'avoir constamment le mouvement sous les yeux.

Toutes ces notes et inscriptions servent à l'établissement d'un brouillard général contenant toutes les opérations avec leurs dates exactes. Ces articles portés dans l'ordre de leur date sont ensuite passés au *Journal* dans la forme voulue et déterminée par l'art de la tenue des livres.

Ils sont ensuite extraits et reportés par comptes au *grand-livre*.

Tel est le mouvement général et réduit à sa plus simple expression de toute comptabilité.

Théorie des parties doubles.

Principes. — Certaines personnes, peu exercées dans les questions de comptabilité se figurent que la tenue des livres en partie double doit sa qualification à l'existence de deux registres sur lesquels les écritures sont passées en double.

Il est inutile d'insister ici sur cette erreur grossière.

Toutefois, nous allons expliquer d'où vient l'expression de partie double.

Dans toute opération commerciale, il y a deux personnes ou comptes en jeu.

La personne ou le compte qui remet donne ou vend, et la personne ou le compte qui reçoit ou achète.

Les comptes remettant ou donnant sont créditeurs.

Les comptes recevant sont débiteurs.

L'article du Journal exprimant l'opération commerciale contient le compte débiteur et le compte créditeur, c'est ce *double courant* reporté au grand-livre qui constitue la partie double.

Le principe fondamental de la tenue des livres est donc :

Tout compte qui reçoit doit à celui qui donne.

La formule abrégée en application s'exprime par :

Tel compte. . . . à tel compte. . . . Ce qui veut dire tel compte doit à tel compte.

Exemple :

Les fournitures de briques de Sanson se sont élevées dans le courant d'août dernier à 10000 à 60f 0/00 = 600f ces briques ont été livrées au bâtiment Chapoulard, rue Bergère ; voici l'article du Journal rendant cette opération :

———————— 31 août 1869. ————————

Tx Chapoulard, rue Bergère à Sanson

S/ fre de briques en août dernier 10000 à 60f = 600

Dans le report au grand-livre, le compte tx Chapoulard sera débité de fr. 600 et le compte Sanson sera crédité de fr. 600. Il y aura donc égalité du débit et du crédit, cette égalité se poursuivra évidemment à chaque article nouveau passé au Journal et reporté au grand livre et le total général du doit ou débit à la fin de l'exercice sera égal au total général de l'avoir ou du crédit. Il y aura *balance exacte* et chacun de ces totaux sera égal à celui du Journal.

L'égalité du débit et du crédit du grand livre existe

parce que l'ensemble complet des comptes figure dans l'état de la balance générale, c'est-à-dire parce que les comptes liquidateurs de profits et pertes et de capital s'y trouvent compris. Ces derniers comptes, formés par les différences ou soldes des comptes clos, soit en bénéfices soit en pertes agglomérés sur les capitaux d'apports étant distraits de l'état général des comptes, il y aurait alors inégalité entre le total du débit et le total du crédit provenant des inégalités entre le débit et le crédit de chaque compte en particulier.

La différence entre le débit et le crédit total représente ou le capital, ou la perte et doit être égale au solde du compte capital ; le compte des profits et pertes étant déjà soldé par capital.

Le débit des comptes représente l'actif.

Le crédit des comptes représente le passif.

Il faut en excepter les comptes de profits et pertes et de capital, dont le crédit représente le capital acquis dans les données de l'inventaire.

Création des comptes, capital d'entrée.

Nous allons expliquer ces lois en remontant à l'origine des opérations.

Au début d'une affaire, il est indispensable de dresser un inventaire de tous les objets, valeurs mobilières, espèces, titres de rentes, matériel, ustensiles, maisons, terrains, etc., apportés dans l'entreprise. La valeur totale de ces divers articles constitue le *capital d'entrée ou d'apport.*

Les choses doivent être estimées ou évaluées modérément en toute conscience, afin d'éviter les déceptions futures et les mécomptes.

Supposons que l'état d'inventaire d'entrée d'une affaire contienne les détails suivants :

Matériel et équipages.	25000 fr.
Chevaux 4 à 800 francs.	3200
Terrain d'un chantier, rue Dumeril 5000^m à 60 fr.	30000
Écuries, hangars et bâtiment sur le dit terrain.	2000
Matériaux et matières en magasin. . . .	1500
Espèces en caisse.	4000
Diverses créances.	600
Effets en portefeuille.	800
Achalandage ou clientèle, évaluée d'après le produit moyen annuel.	6000
Ensemble.	73100 fr.

Le capital d'apport ainsi détaillé sera donc de 73100.

L'article du journal qui en rendra compte au début même des écritures sera libellé ainsi :

Divers à capital.

Matériel et équipages	25000	fr.
Chevaux.	3200	
Terrain d'un chantier, rue Dumeril	30000	
Écuries, hangars et bâtiments. . .	2000	
Magasin.	1500	
Caisse, espèces	4000	
Débiteurs divers.	600	
Effets à recevoir.	800	
Clientèle	6000	73100 fr.

Dans le report de l'article ci-dessus au grand livre, chacun des comptes ci-dessus sera débité de la somme qui le concerne. Tandis que le compte de capital sera crédité du total de ces diverses sommes, ce qui revient à dire que l'actif est bien représenté par le débit.

L'inventaire d'entrée donne le détail des forces dont on dispose pour attaquer une affaire. A partir du début des opérations, les valeurs ci-dessus changent; elles diminuent ou augmentent ou bien disparaissent pour faire place à d'autres, selon les phases du mouvement commercial.

Mouvement des comptes.

Le capital peut rester invariable malgré les transformations des comptes. Il n'augmente que par l'addition des gains à la masse initiale.

Les achats et acquisitions ne changent rien au capital, bien qu'ils augmentent le débit ou l'actif, par la raison bien simple que leur valeur est également portée au crédit ou au passif.

L'actif et le passif nouveaux se balancent. Il n'y a donc rien d'ajouté au *capital d'entrée*.

1er Exemple :

Supposons que l'on ait commencé les opérations par réaliser les créances dues par divers.

L'article du journal sera :

Caisse à débiteurs divers, pour autant reçu pour solde 600 francs.

Dans le report au grand livre caisse sera débitée de 600 fr., et débiteurs divers crédités de 600 fr. Ce dernier compte sera soldé ou balancé, en un mot amorti et disparaîtra. Tandis que caisse s'augmentera de 600 fr., mais il n'y aura rien de changé à la masse.

2e Exemple :

Supposons que les matériaux en magasin aient été employés en partie et pour une valeur de 400 francs, dans un travail d'entretien d'un bâtiment appartenant à M. Drouillard, 10, rue de Vienne.

L'article du journal sera :

Bâtiment Drouillard, 10, rue de Vienne, à Magasin,

Matériaux dont détail suit :

Libage	5^{m}	à	40 fr. =	200	
Briques	800	à	60 =	48	
Sable	2^{m}	à	7 =	14	
Chaux	123 sacs	à	1,20 =	148	
					410 fr.

Dans le report au grand livre : *Magasin* sera crédité de 410 et son débit ne sera plus que de 1500 — 410 = 1090, mais il faudra ouvrir un compte à Bât. Drouillard et le débiter de 410 fr. Ce qui établira la compensation. Cette transformation de compte ne changera donc nullement l'importance de la masse du capital.

On voit, par ces deux exemples, que l'on peut changer impunément, les noms, les quotités des comptes, triturer et diviser la masse active, selon les nécessités d'une bonne administration, sans inconvénients ; du moment que le total d'ensemble reste invariable.

3e Exemple :

Supposons maintenant que l'on achète des matériaux

de diverses natures à divers fournisseurs pour combler les vides faits dans le magasin et dans les bâtiments mêmes, par suite des travaux en cours :

A Grosfil, de la pierre pour le magasin.

A Pointeau, de la brique pour le bâtiment Drouillard.

A Plongeard, du sable id.

A Vifalun, de la chaux id.

Les articles suivants du journal pourraient être libellés :

Magasin à Grosfil.

S/ f^{res} de 10 m. de Vergelé St-Wast à 38 fr. = 380 fr.

Bâtiment Drouillard, 10, rue de Vienne, à Divers.

A Pointeau.

S/ f^{res} de 4000 briques de pays à 45 fr. = 180 fr.

A Plongeard.

S/ f^{res} de 4^{m} sable ord. à 6 fr. = 24

id. de 2^{m} id. fin à 7 fr. 50 = 15 39

A Vifalun.

5 m. de chaux en poudre à 23 fr. = 115 334 fr.

Comme on le voit, le débit des comptes de magasin et bâtiment Drouillard va être augmenté de $380^{f} + 334^{f} = 714^{f}$, mais en même temps, le crédit des comptes des fournisseurs sera porté également à 714 francs.

Rien ne sera donc changé dans la masse active du début.

La vente de la chose fabriquée, ou l'exécution achevée des travaux ou la sortie en un mot, peut occasionner une différence en plus à l'actif, un bénéfice ou gain.

4e Exemple :

Supposons que les travaux du bâtiment Drouillard, 10, rue de Vienne, soient achevés, et que la main-d'œuvre s'élève à la somme de 1520 fr. nous aurons à passer l'article ci-dessous au journal.

Bâtiment Drouillard, 10, rue de Vienne, à Ouvriers.

Montant des journées employées. . . . . . . fr. 1520

Si nous résumons ce qui concerne ce compte :

DOIT	BATIMENT DROUILLARD, 10, rue de Vienne.		AVOIR
A Magasin matériaux	410	Par Caisse solde Tx	2614
A Divers id.	334		
A Ouvriers journées.	1520		
A Frais génér. 5 0/0.	113		
	2377		
A Prof. et Pert. bénéf.	237		
	2614		2614

En dehors des articles déjà connus du débit, nous avons porté celui des frais généraux à 5 0/0 de la dépense ; ces 5 0/0 comprennent aussi la dépréciation des équipages ; le débit total est donc devenu fr. 2377.

Le montant du mémoire des travaux ayant été réglé, tout rabais déduit à fr. 2614 et le propriétaire ayant payé ce montant : L'article : *Caisse à bât. Drouillard* pour solde Tx fr. 2614 a été porté au crédit et ce compte étant soldé, la balance a produit un solde ou bénéfice porté au débit sous la rubrique :

Bâtiment Drouillard à Profits et pertes.

Bénéfice . . . . fr. 237

Le capital d'apport est donc augmenté par cette opération terminée, de 237 fr.

Pour produire ce résultat, les comptes composant le capital d'apport ont joué en partie, nous allons rendre compte de leurs mouvements.

Capital de sortie.

Matériel et équipages a été déprécié de 1/2 ou de 56,50, il est donc de 25000 — 56,50		24943f,50
Chevaux : ont subi une dépréciation comprise dans celle ci-dessus, il est donc toujours de.		3200
Terrain d'un chantier rue Dumeril n'a pas changé de valeur, soit.		30000
Ecuries, hangars et bâtiments n'a pas changé de valeur, soit.		2000
Magasin a diminué d'abord de. . fr.	410	
puis augmenté de.	380	
soit diminué de	30	
il devient donc 1500 — 30 =		1470
Caisse a reçu des débiteurs divers	600	
de Drouillard	2614	
Total reçu	3214	
au début elle était de	4000	
Total.	7214	
A reporter.		61613,50

Report.			61613f,50
		7214	
Mais elle a payé :			
à des ouvriers. . . .	1000		
pour frais généraux.	100	1100	
elle est donc de		6114	6114
Débiteurs divers ayant payé leurs dettes a été absorbé par Caisse et amortit, n'existe plus.			
Effets à recevoir. — Ces effets sont toujours en portefeuille, rien n'est changé dans leur valeur de.			800
Clientèle. — Toujours estimée.			6000
Frais généraux. — Ce compte a été créé depuis le début des opérations.			
Il a été débité de.		100f,00	
Payé à divers.			
Puis de.		56 ,50	
Pour dépréciation des équipages.			
Total du débit. . .		156f,50	
Ce compte a été crédité ou a diminué de.		113	
Pour cote part 5 0/0 afférente au bât. Drouillard.			
Il est donc représenté par.		43f,50	43,50

Telles sont les mutations survenues dans les comptes formant le capital d'entrée et dans ceux créés depuis. Tous ces comptes se soldent en débit, c'est-à-dire composent l'actif. On remarquera que le compte bât. Drouillard, étant liquidé ne paraît plus, bien qu'il soit la source du bénéfice qui s'est produit, c'est là le sort de tout compte balancé, il disparaît de l'inventaire remplacé qu'il est par d'autres valeurs.

En résumé, la masse active est donc maintenant de. 74571f,08

Mais en même temps que la masse active se transformait et s'augmentait finalement. Des obligations de paiements d'achats de fournitures naissaient. Si elles avaient été acquises au comptant, l'encaisse eût diminué des sommes payées, et l'inventaire n'eût pas présenté de masse passive ou de passif. Nous prendrons donc dans le mouvement des comptes que nous venons d'analyser les créanciers ou créditeurs suivants :

GROSFIL,	fournitures	de pierre	à lui due	380
POINTEAU	—	de briques	—	180
PLONGEARD	—	de sable	—	39
VIFALUN	—	de chaux	—	115

Dans le cours des opérations, nous avons ouvert un compte à ouvriers,

pour bien connaître l'importance de notre main-d'œuvre. Ce compte s'est élevé à. 1520
sur quoi il a été payé. 1000

Il reste donc à payer. . . . 520

A porter au passif. 520

En résumé, la masse passive est de. . 1234

Il est évident que le capital est égal à l'actif diminué du passif.

L'actif étant de. 74571
Le passif de. 1234

Le capital actuel sera de. 73337f
Le capital d'entrée ou d'apport était. . 73100f

C'est donc une augmentation ou bénéfice de 237 fr., ce qu'il fallait démontrer.

Fonds disponibles et réserve.

L'encaisse ainsi que le portefeuille, ne représentent nullement la situation vraie d'une entreprise.

Ils constituent des sommes ou valeurs disponibles pour le moment, et peuvent disparaître le lendemain en liquidant du passif.

La situation vraie d'une affaire, ne peut s'établir qu'au moyen d'un inventaire complet contenant l'actif et le passif et se balançant.

Mais de ce que la marche continuelle des opérations absorbe la presque totalité des espèces, pour les payer il ne peut en résulter l'absence de constatation de parts de résultats dans les comptes des associés.

Ces espèces sont en effet employées en avances sur de nouveaux travaux et constituent un actif nouveau en augmentation sur le capital d'entrée. En un mot, les bénéfices tirés de la caisse sont représentés par de nouveaux comptes et une liquidation finale, sauf l'allea des nouvelles affaires, doit les faire ressortir intégralement.

Toutefois, il est difficile que la masse des profits soit employée constamment à couvrir des avances pour de nouvelles affaires. Il arrive nécessairement un moment où le reflux des capitaux se fait sentir et laisse des fonds disponibles.

Rien ne peut alors s'opposer au remboursement des associés en compensation des sommes portées au crédit de leur compte à chaque inventaire, d'après l'acte de Société.

Cependant il ne serait pas prudent, des affaires importantes étant engagées, de libérer ces comptes d'associés, car la liquidation finale pourrait amener des pertes qui viendraient obérer les comptes courants des associés et les contraindre à remboursement. C'est afin de modérer les droits au prélèvement ou aux levées des associés qu'une portion du capital est immobilisée, et reste dans les affaires sous le titre de *capital de réserve*.

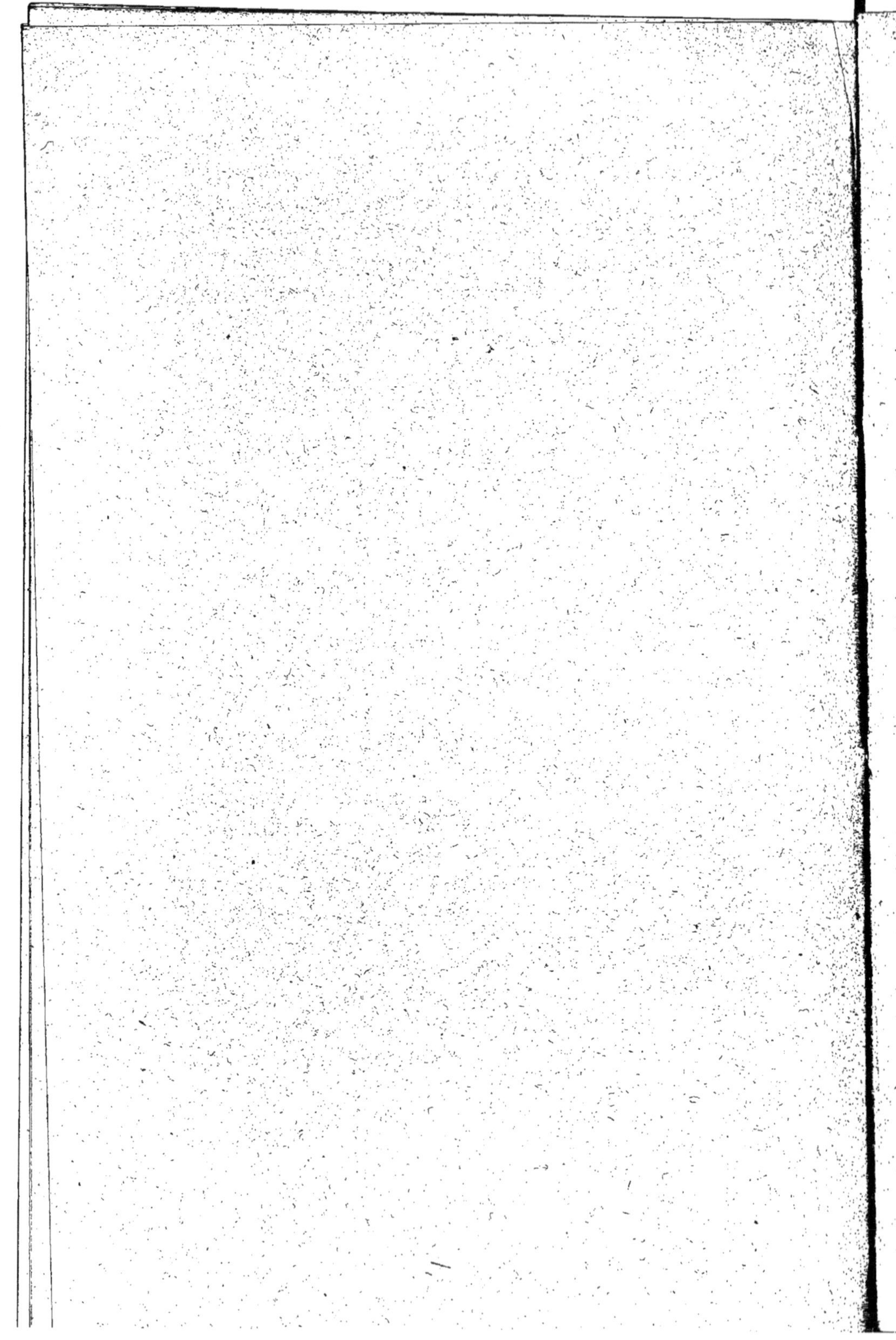

DES LIVRES AUXILIAIRES.

Les livres auxiliaires qui doivent être employés dans la comptabilité des travaux sont les suivants :

Livre des dépenses générales.

Livre des transports.

Les rôles de paye des ouvriers.

Livre des tâcherons.

Livre d'inscription des mémoires des travaux.

Le livre de caisse.

Le carnet des effets à payer.

Le carnet des effets à recevoir.

Nous allons donner la description de chacun de ces livres et indiquer *les éléments* qui servent à leur tenue.

DU LIVRE DES DÉPENSES GÉNÉRALES.

Ce livre, très-important, contient la collection de tous les états de dépenses établis à la fin de chaque mois. Il donne la dépense particulière à chaque bâtiment et le montant général des dépenses. Les éléments constitutifs de ce compte sont pris pour la main-d'œuvre, dans le rôle de paye ; pour les fournitures, dans les factures ou notes des fournisseurs. Le montant des transports est pris sur le livre des transports.

La pierre sortie du magasin et entrée dans chaque bâtiment est extraite d'un *carnet de sortie de pierre* arrêté à la fin du mois. Les *mutations des matériaux* sont indiquées par une feuille de matériaux close, également, à la fin de chaque mois.

DÉPENSES GÉNÉRALES.

MOIS D'OCTOBRE 1871.

Magasin rue Chaptal.

Main-d'œuvre.			1.088f,35c	
Fournisseurs :				
Gloras, B. R. Marly, 5 87	à 50		293, 50	
Regor, Pargny, 69 40	à 65		4.511 »	
Ellevaz, Chât.-Gd, 30	à 70		2.100 »	
Aillon, B. R. St W, 20	à 45		900 »	
Peretemère, Parmain, 200	à 40		8.000 »	
Tierreau, Lorraine, S/T, 30	à 55		1.650 »	
Transports :				
12 transp. à 3 chevx, pierre de l'Est, en une journée 3/4, à 30f l'une.			56 »	
Ensemble.			18.598f,85c	18.598f,85c

Bât. Bream, rue Kléber.

Main-d'œuvre.			3.330f,90c	
Fournisseurs :				
Vigan et Cie, briq. f. B. 1,600 à 60 %.			96 »	
Caquet.				
Cailloux S/T. 3m85	à 4,25	16,26		
Sable ord. — 5m55	à 4	22,20		
— fin — 3m	à 5,25	15,75	54 21	
Magasin, rue Chaptal.				
Lignerolle, 15m à 80			900 »	
A reporter. .			4.381f.11	18.598f 85

Report.. . .	4.381f.11	18.598f,85c
Bât. Sandour, rue Cassette.		
Matériaux repris, 20 S/ plâtre à 0.50	10 »	
Transports :		
4 voit. à 2 chevx, gravois à 6 chx.	24 »	
Ensemble.	4.415 11	4.415 11

Bât. Sandour, rue Cassette.

Main-d'œuvre.	5.338f,60c	
Fournisseurs :		
Rougeasson, plâtre, 42m à 17.	714 »	
Boulangre, moellons, 100m à 12.	1.200 »	
Baslair, meulière, 50m à 12.	600 »	
Magasin rue Chaptal.		
Entrée de pierre :		
Libage, 25m à 40 = 1,000		
R. de la Plaine, 10m à 65 = 650		
R. St-Maximin, 50m à 60 = 3.000		
Frais de chantr, 85m à 3 = 255	4.905 »	
Transports :		
30 transpts à 3 chevaux, pierre, en 4 journées 1/2 à 30f, ci. .	135 »	
Ensemble	12.892 60	
A déduire : matériaux repris. .	10 »	12.882f,60c

Travaux Hôtel La Pentad.

Main-d'œuvre	346f,85c	
Fournisseurs :		
Rougeasson, plâtre, 10m à 17f.	170 »	
A reporter.. . .	516f.85	35.896 56

Report. . .	516f.85	35.896f,56c
Grandard, bottes lattes, 4 à 1f50	6 »	
Truman, ciment Port., 200 kil. à 12 %.	24 »	
Travaux Sechard, matériaux repris, 5 k. clous à 0m50 = 2f50 0m60 sable fin à 7 = 4 20	6 70	
Transports : 6 voitures gravois à 1 cheval à 3f,50 = 21 2 transports d'équipages à 2 chev., 1/2 journ. = 12f,50	33 50	587 05

Travaux Séchard.

Main-d'œuvre.	185f,50	
Fournisseurs :		
Rougeasson, plâtre 7m à 17f. .	119 »	
Truman, cim. Bas., 300 k. à 7 %	21 »	
Caquet, sable fin S/T, 2m à 5f25	10 50	
Transports : 6 voitures à 2 chevaux, gravois, à 6f = 36 2 transp. à 1 ch. d'éq. à 4 = 8	44 »	
Ensemble.	380 »	
A déduire : matériaux repris. .	6 70	373 30

Transports.

Fournisseurs :		
Lanverain, bottes de paille, 208 net, 200 à 40f = 80 B. de foin, 104 net, 100 à 60f = 60	140 »	140 »
A reporter.		36.996 91

Équipages.

Report		36.996f,91c
Fournisseurs :		
Levacheux, 1 hauban pes. 60 k., à 3f=180f		
150 cordages à main pesant 96 kil., à 2f=192f	372 »	
Veraton, 1 cric double noix, 170		
2 crics simples à 100f 200	370 »	
Ensemble.	742 »	742 »

Verdoucin.

Transports :		
1 journ. à 3 ch. à transp. des bois	30 »	30 »
Total.		37.768 91

RÉSUMÉ

Comptes débiteurs.

Dépenses de travaux en octobre.

Magasin, rue Chaptal	18.598f,85c
Bât. Bream, rue Kléber	4.415 11
Bât. Sandour, rue Cassette . .	12.882 60
Travaux hôtel La Pentad. . .	587 05
Travaux Sechard	373 30
Transports, dépenses de transpts	140 »
Equipages, achats d'équipages.	742 »
Verdoucin, transports.	30 »
Total égal.	37.768 91

Comptes créditeurs.

A ouvriers, main-d'œuvre en octobre. . . .	10.290f,20c
Gloras, fres de pierre —	293 50
A reporter	10.583 70

Report.	10.583	70
Regor, fres de pierre en octobre	4.511	»
Ellevaz, — —	2.100	»
Aillon, — —	900	»
Retemère, — —	8.000	»
Tierreau, — —	1.650	»
Vigan et Cie, fres de briques —	96	»
Caquet, fres cailloux et sables —	64	71
Rougeasson, fres de plâtre —	1.003	»
Boulangre, — moellons —	1.200	»
Baslair, — meulière —	600	»
Grandord, — lattes —	6	»
Truman, — ciment —	45	»
Lanverain, — paille, etc. —	140	»
Levacheux, — cordages —	372	»
Veraton, — crics —	370	»
Magasin, rue Chaptal, sortie de pierre. —	5.805	»
Transports divers —	322	50
Total égal	37.768f,91c	

L'égalité entre le total des comptes débiteurs et le total des comptes créditeurs, prouve que la masse totale des dépenses du mois, soit en main-d'œuvre, soit en fournitures ou transports, n'a pas été dépassée dans la répartition qui en a été faite par bâtiments ou par comptes.

C'est déjà un contrôle considérale, donnant une grande sécurité sur la distribution générale des dépenses.

La seule chose qui ne soit pas indiquée par cette balance, c'est l'exactitude du lotissement par bâtiment. Cette exactitude doit être et est presque absolument rigoureuse pour la division de la main-d'œuvre. Pour les fournitures, elle dépend de la régularité avec laquelle sont tenus les carnets des maîtres-compagnons ; les indications des bâtiments sur les bons de livraison ; et enfin les indications des destinations sur les factures ou notes des fournisseurs. Ces trois sortes de renseignements se contrôlent ou se corrigent les uns par les autres dans une certaine mesure.

Le détail des transports, consigné à la fin de chaque journée, sur un carnet spécial, peut et doit être très-exactement vrai.

Nous allons donner un type de la disposition des colonnes et des en-têtes du livre des transports :

MOIS D'OCTOBRE 1871.

DÉSIGNATION DES ATELIERS et de la nature des comptes	NOMBRE DE VOIES à 1 chev.	à 2 chev.	à 3 chév.	TEMPS employé.	PRIX.	PRODUIT.	TOTAUX par atelier.
Magasin, rue Chaptal.				journée			
Pierre du chemin de fer de l'Est.			12	1 3/4	30	52 50	
Supplément pour chargement.						3 50	56 »
Bâtiment Bream, rue Kléber.							
Gravois enlévés aux décharges.		4		1	24	24 »	24 »
Travaux hôtel La Pentad.							
Gravois enlevés aux décharges.	6			1 1/2	14	21 »	
Équipages du magasin.		2		1/2	24	12 »	
Supplément de chargement.						» 50	33 50
Travaux Sechard.							
Gravois enlevés aux décharges.		6		1 1 2	24	36 »	
Equipages ramenés au magasin.	2			1 2	14	7 »	
Supplément pour déchargement.						1 »	44 »
Verdoucin.							
Transports de bois à 3 chevaux.			inconnu	1	30	30 »	30 »
Bâtiment Sandour, rue Cassette.							
Pierre du magasin.			30	4 1 2	30	135 »	135 »
Total. . . . . égal au chiffre porté au crédit du compte de transports dans le résumé des dépenses générales d'octobre 1871.							322 50

Un autre élément nécessaire à l'établissement des dépenses générales, est la feuille mensuelle des mutations dont nous donnons le type ci-après :

FEUILLE DES MUTATIONS DU MOIS D'OCTOBRE 1871.

PROVENANCES.	QUANTITÉ et nature des matériaux.	DESTINATION.
Bâtiment Sandour, rue Cassette. Travaux Sechard.	20 sacs de plâtre. 5 kilos de clous.	Bâtiment Bream, rue Kléber. Travaux hôtel La Pentad.
—	0,60 sable fin.	—

On remarquera que, dans les dépenses générales d'octobre 1871, les dépenses des comptes, bâtiment Sandour, rue Cassette, et travaux Sechard, ont été diminuées, sous la rubrique *de matériaux repris* du montant des fournitures indiquées ci-dessus, tandis que les comptes, bâtiment Bream, rue Kléber, et hôtel La Pentad, ont été augmentés des mêmes dépenses.

Il a donc été tenu compte exactement de la mutation au moyen de ce *virement.*

La feuille ci-dessus doit être dressée par le commis des corvées et concorder avec les déclarations de sorties des maîtres-compagnons, portées sur leurs carnets. Des mutations entre les grands travaux neufs, peuvent aussi se produire. Elles font l'objet d'un état spécial et il est procédé à leur égard comme pour les travaux d'entretien ou corvées.

Nous continuerons la description des documents qui servent à établir les dépenses générales en donnant le modèle d'une feuille de sortie de pierre du magasin :

MOIS D'OCTOBRE 1871.

Feuille de sortie de pierre du magasin rue Chaptal.

NOMS des bâtiments.	NATURE de la pierre	QUANTITÉS.	
		m. c.	
Bâtiment Bream, rue Kléber.	Lignerolles.	13 64	
Bâtiment Sandour, rue Cassette.	Libage.	22 73	
—	Roche de Plaine.	9 09	
—	R. St-Maximin.	45 50	

Cette feuille, dressée par le métreur ou toiseur du chantier de pierre, est vérifiée par l'appareilleur et remise par ce dernier au bureau de l'entreprise à la fin de chaque mois.

En comparant les cubes portés sur cette feuille avec ceux portés dans les comptes de bâtiments aux dépenses générales, on remarque que tous les derniers sont plus élevés que les premiers, cela provient de ce que, pour reconstituer le cube réel acheté au carrier, il faut ajouter au cube de la *pierre traitée*, c'est-à-dire *taillée*, celui du *déchet*.

Souvent on estime que ce déchet équivaut à 10 p. 100 pour la Roche ou pierre dure ; 15 p. 100 pour le Vergelé ou pierre tendre.

Nous terminerons ce qui a trait aux dépenses générales, en parlant de la répartition par bâtiment, de chaque facture de fournisseur.

FOURNITURES DIVERSES FAITES PAR M. CAQUET,

Marchand de sable et cailloux,

Rue de l'Abreuvoir, n° 6.

A M. . . . . Entrepreneur, rue Castex, n° 11.

Octobre 1871.	1	2m	cailloux à	4f 25c	8f 50c	par Jean, bât. rue Kléber.
	—	4	sable ord, à	4 »	16 »	par Buzard, bât. rue Kléber.
	8	2	sable fin à	5 25	10 50	par Jean, chez Sechard.
		1 85c	cailloux à	4 25	7 76	par Pierre, bât. rue Kléber.
	25	1 55	sable ord. à	4 »	6 20	par Jean, bât. rue Kléber.
	26	2 »	sable fin à	5 25	10 50	par Jean, bât. rue Kléber.
		1 »	—	5 25	5 25	par Jean, bât. rue Kléber.
			Total.		64f.71	

On doit établir ici un résumé par bâtiment comme nous allons l'indiquer :

RÉSUMÉ.

Bât. Bream, rue Kléber.			
Cailloux S/T 3m,85	à 4f,25c	= 16f,26c	
Sable ord. — 5m,55	à 4 »	= 22 20	
— fin. — 3m	à 5 25	= 15 75	54f,21c
Travaux Sechard.			
Sable fin S/T 2m	à 5 25		10 50
Total égal.			64f,71

Cette répartition est bien celle qui a été portée dans les comptes des bâtiments aux dépenses générales.

Le signe S/T, placé à la suite de la nature de la fourniture, signifie que le transport n'est pas exécuté par le fournisseur à qui l'on paye ses matériaux pris sur place.

Nous pourrions donner des exemples analogues pour toutes les factures des fournisseurs portées au résumé des dépenses générales, nous nous contenterons de dire que toutes les sommes comprises dans ce résumé, proviennent de résumés analogues à celui exposé ci-dessus pour la facture Caquet, et que, par conséquent, ces sommes représentent bien fidèlement ce qui est dû à chaque fournisseur pour les fournitures du mois dont il s'agit (mois d'octobre 1871).

Nous parlerons des rôles de paye comme dernier élément constitutif des dépenses générales. Voici comment nous disposons les feuilles du rôle :

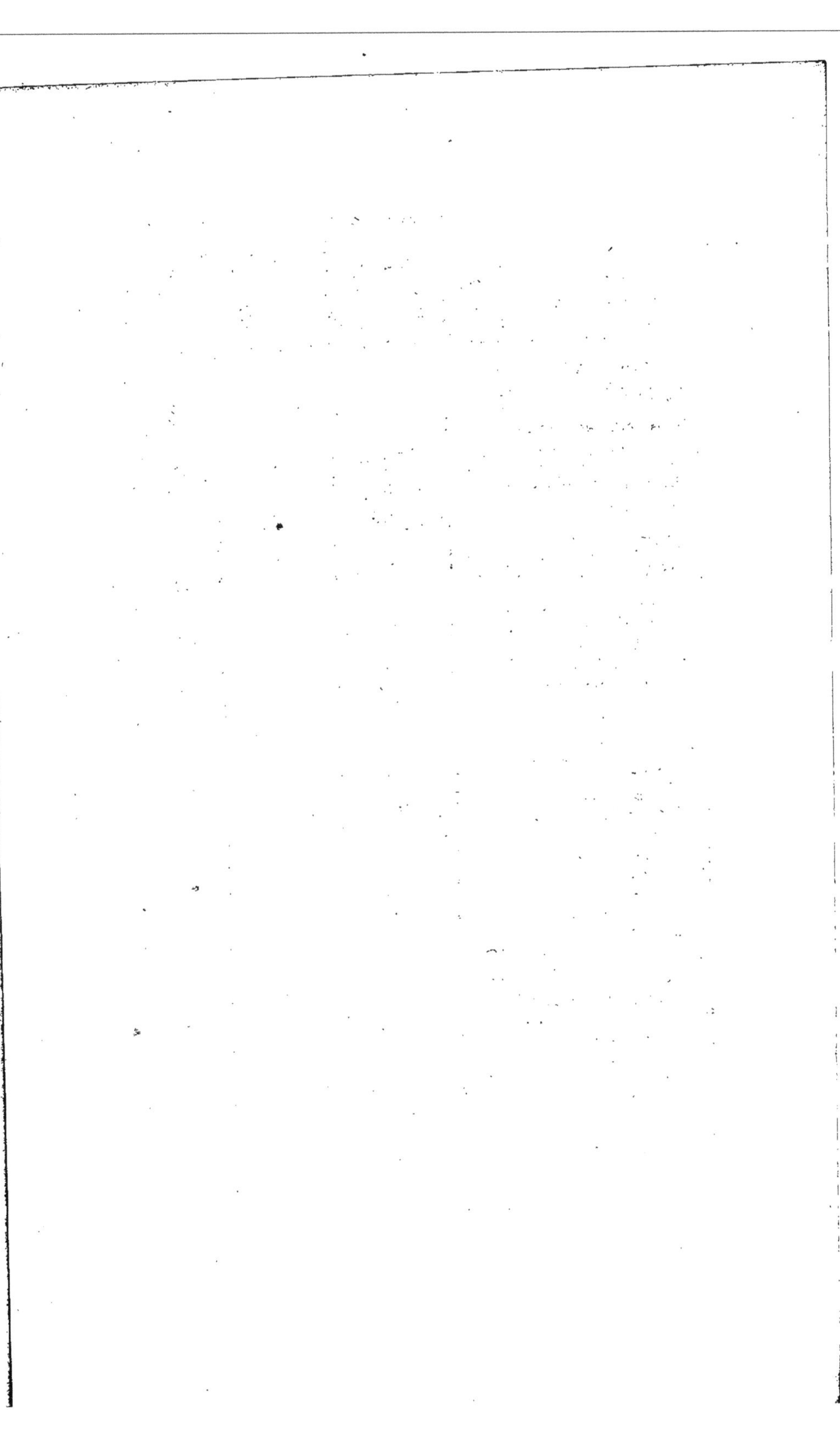

NOMS ET QUALITÉS des ouvriers.	INDICATION DES BATIMENTS.						
	Magasin.	r. Kléber.	r. Cassette.	Pentad.	Séchard.		
Appareilleurs.							
Chauzel.	1 mois						
Marcadet.	—						
Maîtres compagnons.							
Collin.		1 mois					
Josse.			1 mois				
Tailleurs de pierre.							
Babinet et Cie (4 ass.). . .		400^{f}	612^{f}				
Candas et Cie.		522, 90	565, 80				
Panloup.		109	149				
Duval et Cie (3 ass.). . .		310	459. 50				
Pinotte dit Rupin. . . .		102	155				
Veuillot et Cie (5 ass.). .		505	775, 20				
Magnard.		90	150				
Girardin et Cie (4 ass.). .		395	605				
Scieurs.							
Lebœuf.		80	140				
Olivier.		120	170				
Daunay		96	150				
Dufaurain.		104	200				
Poseurs.							
Brun.		300					
Buissonnet.			294^{h}				
Maçons.							
Villemessant.				310^{h}			
Baragnon.				37			
Limousins.							
Gavardy.					308^{h}		
Augery.			300				
Bardeurs.							
Husson (pinceur).	308^{h}						
Richard.	300						
Saintix.	300						
Barasent.	185						
Molle (pinceur).	300		300				
Goulardot.			300				
Garçons.							
Precy.				310			
Duruy.				199			
Kerdrelan.					192		
Brogliar.			300				
Sainmare (relai).			300				
Chantillon (relai). . . .			291				
TOTAUX.							

TOTAL des heures.	PRIX.	PRODUITS.	A-COMPTE reçus.	RESTES à payer.	ÉMARGEMENTS et observations.
mois		300		300	
		250		250	
mois		300		300	
mois		250		250	
		1012	500	512	
		1087,70	400	687,70	
		250		250	
		769,50	300	469,50	
		257	150	107	
		1280,20	800	480,20	
		240		240	
		1000	600	400	
		220	80	140	
		290	100	190	
		246	246		Payé le 6 oct. 100.
		304		304	
300h	7	210	20	190	
294	7	205,80		205,80	
310	5	155	30	125	
37	5	118,50	18,50		Payé le 6 oct.
308	4	123,20	20	103,20	
300	5	150	50	100	
308	6	184,80	100	84,80	
300	4,50	135	80	55	
300	4,50	135		135	
185	4,50	83,55	83,55		Payé le 10 oct. 30.
300	6	180	100	80	
300	4,50	135	60	75	
310	5,50	108,50	100	8,50	
199	3,25	64,85	64,85		Payé le 10 oct. 20.
192	3,25	62,30		62,30	
300	3,50	105	80	25	
300	3	90	80	10	
291		87,30	60	27,30	
		10290,20	4422,90	6167,30	

En faisant les calculs du temps de travail porté dans chaque colonne et en y ajoutant, s'il y a lieu, le montant des tâches, on obtient ainsi le montant de la main-d'œuvre afférente à chacun des ateliers ou comptes. Un résumé exprimant ces divers chiffres est établi à la fin du rôle de paye. Il est évident que le montant de ce résumé doit être égal au total général du rôle.

Voici le résumé du rôle dont nous venons de donner l'exemple :

	francs.	
Magasin...................	1.088,35	Toutes ces sommes sont bien égales aux chiffres de la main-d'œuvre portés dans les *dépenses générales.*
Bât. Bream, r. Kléber.....	3.330,90	
Bât. Sandour, r. Cassette..	5.338,60	
T[x] hôtel La Pentad.......	346,85	
T[x] Sechard...............	185,50	
Total......	10.290,20	égal au total général du rôle de paye.

DU LIVRE DES TACHERONS ET ENTREPRENEURS.

Ce livre est destiné à l'inscription des à-compte versés à valoir aux tâcherons ou entrepreneurs sur les travaux qu'ils exécutent pour le compte de l'entreprise ainsi qu'à celle des mémoires qu'ils produisent ou du montant du forfait convenu à l'avance. Voici son dispositif :

Doit SANDISSE, entrepreneur de carrelage, rue Pereire. **Avoir.**

DATES.		ÉNONCÉ du reçu.	MONTANT des reçus.	DATES.		ÉNONCÉ des travaux.	MONTANT des mémoires. Deman^{de}.	Règlement.
1871 9bre	1	Reçu de..... la somme de trois cents francs à valoir s/mest^{x}. *(Ici la signature.)*	250	1871 9bre	15	Bât. Bream, rue Kléber.	210 50	200
						T^{x} Séchard..	45 20	40
						T^{x} La Pentad.	956 15	865
d°	12	Reçu de..... la somme de cinq cents francs à valoir s/mest^{x}. *(Ici la signature.)*	800					
d°	20	Versé pour solde...... *(L'acquit est donné sur le mémoire lui-même.)*	55					
			1.105					1.105

Ce livre permet de suivre avec attention le mouvement du compte de l'entrepreneur ou du tâcheron, et cela est essentiel, car dans le cours de ses travaux, les à-compte qu'il reçoit sont fort souvent basés sur le temps des ouvriers qu'il emploie évalué à raison d'un prix moyen de journée, et ce contrôle, peu rigoureux, n'est corrigé que par l'inscription des mémoires faite exactement.

A l'avoir du livre se trouvent les indications nécessaires pour créditer le compte du tâcheron par le débit des divers bâtiments énoncés.

DU LIVRE D'INSCRIPTION DES MÉMOIRES DES TRAVAUX.

Ce livre est d'une très-grande importance. Son titre indique son office, mais il contient en outre l'indication des à-compte reçus à valoir et des soldes. Il représente dans la limite des mémoires remis à l'architecte la situation des payements faits par le propriétaire, leur retard ou leur exécution régulière. Ce livre doit être constamment à jour et souvent consulté.

M. BREAM, rue Kléber.

DÉSIGNATION des travaux et observations.	DATE de la remise.	MONTANT des mémoires. Demandé.	MONTANT des mémoires. Règlement.	A-COMPTE reçus.	SOLDES REÇUS.	DATES des recettes.	ÉTATS DE SITUATION.	DATES DE LA REMISE.
T^{x} d'entretien. M. Painsuif, architecte. M. Sanstrou, vérificateur.... Commencés le 1er oct. 1871. Finis le 6 nov. 1871.	1871 9bre 18	3220	2614	»				
T^{x} neufs, écuries. Commencés le 4 oct. 1871. Finis le.......	20	2810 15		3000 »		20 9bre 1871		
M. SANDOUR, rue Cassette.								
T^{x} neufs à forfait. M. Guyboiseau, architecte. Bloireau, vérificateur. Commencés le 15 oct. 1871.		F = 45.000		1.200 11.820		27 8bre 1871 20 9bre 1871	14.520	29bre 1871

Comme nous l'avons déjà dit dans la description des comptes (1re partie), il est évident que toutes les sommes portées dans les colonnes des recettes, soit comme à-compte, soit comme soldes, doivent être les mêmes que celles portées à l'avoir des mêmes comptes au grand-livre. Il est bon de s'assurer de cette égalité par un pointage. Les détails des mémoires, situations, etc., servent aussi à vérifier les notes d'honoraires des métreurs et attacheurs.

Les dates du commencement et de la fin des travaux servent de guide pour stimuler la confection des mémoires. Les époques des recettes doivent concorder avec les termes du traité ou les engagements pris.

DU LIVRE DE CAISSE.

Il n'y a qu'une manière de tenir ce livre, soit dans l'industrie, soit dans le commerce, c'est de porter au doit toutes les recettes et à l'avoir toutes les dépenses. Toutefois, dans l'industrie des travaux publics ou du bâtiment, il est nécessaire de faire quelques désignations pour guider dans la passation des articles de caisse au journal.

Lorsque les fournisseurs portés dans les *dépenses générales* viennent à être payés, constatation de ces payements se fait purement et simplement au livre de caisse avec l'indication des dates de payement et des mois de la fourniture. Quand au contraire ce sont des dépenses payées directement sans qu'elles aient été comprises dans les *dépenses générales*, il faut indiquer les noms des bâtiments auxquels elles appartiennent.

Chaque article de payement doit avoir un numéro d'ordre correspondant à la pièce comptable qui le justifie. Toutes les opérations doivent être passées sur le vif, sans retard, au moment même, sans brouillon ni *sous-livre de caisse*, de telle sorte que l'encaisse égale constamment la différence du débit et du crédit.

DOIT. **CAISSE.** AVOIR.

DOIT.

Date	Jour	Libellé	Fr.	C.
1871 8bre	20	Reçu de Pincemard et Ce à valoir. . .	11.000	
			11.000	
d°	27	A nouveau. . .	8.292	95
		Reçu de Sandour, rue Cassette, à valoir s/ $trav^{x}$. . . .	1.200	
			9.492	95
9bre	7	A nouveau. . .	8.383	85
		Reçu de Pataque p^{r} vente de garnis (mag. r. Chaptal).	155	
		Reçu de François s/ c/ c/, dépôt en compte	10.000	
			18.538	85
d°	18	A nouveau. . .	15.779	90
			15.779	90
d°	20	A nouveau. . .	5.997	10
		Reçu de Bream, rue Kleber, à val. s/ t^{x}.	3.000	
		Reçu de Sandour, r. Cassette, à v. s. t^{x}.	11.820	
		Reçu vente de fumier (transport). . . .	410	
			21.227	10

AVOIR.

Date	Jour	Libellé	N°	Fr.	C.
1871 8bre	20	Payé à Setton pour achat de 2 chevaux (ch^{x}). . . .	1	2.000	»
		— à la Cie des eaux p^{r} 1 sem. ab^{t} (Bream, r. Kleber).	2	60	»
		— renvois d'ouvriers 8bre.	3	18	25
		— à Bonneuil 1 treuil. . .	4	250	»
		— à Ricard, huiles et graisses (t^{x} Sechard).	5	56	80
		— à Grandpré, paille et foin (transports). . .	6	322	»
		Encaisse.		8.292	95
				11.000	00
d°	27	— à la ville droits de voirie (bât. Sandour). . . .	7	205	10
		— à-c. aux ouvriers 8bre. .	8	800	»
		— à Landeau : torches et paillassons (magasin r. Chaptal).	9	86	»
		— à Ribard : réparat. de 12 seaux (t^{x} Sechard).	10	18	»
		Encaisse.		8.383	85
				9.492	95
9bre	7	— renv. d'ouv. s/ 9bre. . .	11	172	50
		— renv. d'ouv. de 8bre. . .	12	25	30
		— à-c. aux ouv. s/ 9bre. . .	13	500	»
		— à-c. aux charretiers 9bre.	14	90	»
		— à-c. aux charrons 9bre. .	15	30	»
		— à Sandisse à v^{oir} s/ tâche.	16	250	»
		— à Grumard, d° s/ $mét^{se}$.	17	600	»
		— à Landoux, s^{de} $briquet^{se}$.	18	910	»
		— à Merlin f^{res} bur^{x} (f^{s} g^{x}).	19	56	15
		— à Vedi, $dessin^{r}$, à-c. (d°).	20	50	»
		— à Foislour, c^{er}, à-c. (f^{s} g^{x})	21	75	»
		Encaisse.		15.779	90
				18.538	85
d°	12	Paye $génér^{le}$ des ouv. 8bre. .	22	7.952	80
		Payé aux employés 8bre (f^{s} g^{x})	23	600	»
		Paye des $charret^{rs}$ 8bre (t^{ts}).	24	250	»
		d° des charrons, d° (mag.).	25	180	»
		Payé à Sandisse à-c. s/ tâche.	26	800	»
		Encaisse.		5.997	10
				15.779	90
d°	20	Payé à Trumeau octobre. .	27	43	50
		— à Veraton d°. . .	28	370	»
		— à Gloras d°. . .	29	284	»
		— à Regor d°. . .	30	4.375	»
		— à Tierreau d°. . .	31	1.600	»
		— à Retemere d°. . .	32	7.760	»
		— à Ellevaz d°. . .	33	2.037	»
		— à Aillon d°. . .	34	873	»
		— à retard ouv. d°. . .	35	218	25
		— à Sandisse, solde . . .	36	55	»
		— à Elgrego, moellons (La Pentad).	37	620	»
		Encaisse.		2.991	35
				21.227	10

Il est utile que nous expliquions ici d'une manière générale les principes qui doivent guider dans la tenue d'une caisse.

Il ne faut pas viser à préparer son journal, mais bien à écrire l'opération d'une manière complète avec simplicité et clarté *au moment même où elle a lieu.*

Les éléments indispensables sont :

1° La date de l'opération et celle de la livraison des fournitures ;

2° Le nom de la partie versant ou recevant ;

3° La nature des choses qui ont provoqué la recette ou le payement.

Exemple :

Le 4 novembre 1871 :

Payé à Landau torches et paillassons, octobre (magasin rue Chaptal). . . . . 86 fr.

Nous avons indiqué :

1° La date (octobre) qui exprime le mois dans lequel s'est faite la fourniture ;

2° Le lieu de la fourniture (magasin rue Chaptal) parce que cette fourniture n'a pas été comprise dans les *dépenses générales* du mois où elle a été faite et qu'il faut dans ce cas débiter le compte de magasin rue Chaptal du montant du payement, soit de. . . . . 86 fr.

L'inscription des payements d'ouvriers doit être faite au moins journellement sans aucune espèce de retard. Ces payements sont désignés sous diverses rubriques :

*Renv./ d'ouv. s/8*bre signifie : renvois d'ouvriers sur octobre, c'est-à-dire dont les comptes sont établis sur le rôle d'octobre et qui sont payés dans le cours du mois et avant la paye générale.

*A-C aux ouv. s/8bre* signifie : à-compte aux ouvriers sur octobre et correspond à un bordereau nominatif d'à-compte.

Retard ouv. 8bre signifie : retardataires ouvriers pour octobre correspondant à un état des retardataires non payés après la paye générale, état extrait du rôle.

Le produit total d'un rôle de paye doit se balancer par :

1° Les à-compte ;
2° Les renvois ;
3° La paye générale ;
4° Les retardataires ;
5° Les retenues s'il y en a.

Il faut éviter de laisser aux agents des sommes en compte inscrites ou non à la caisse, sommes dont ils doivent justifier plus tard de l'emploi. La reddition du compte de l'agent est souvent retardée et conséquemment les dépenses peu contrôlées, puis il arrive que ces dépenses sont introduites dans les comptes tardivement et viennent en changer l'économie. En un mot, il faut viser à faire payer où constater toutes les recettes et dépenses rapidement par la caisse centrale, le caissier devant toujours pouvoir faire sa caisse au moyen *des décharges qui lui sont données par ses payements réguliers et son encaisse réel espèces.*

CARNETS DES EFFETS A PAYER ET DES EFFETS A RECEVOIR.

Nous passerons rapidement sur l'examen de ces livres auxiliaires qui se vendent chez tous les papetiers, disposés en colonnes avec en-têtes imprimés, indiquant :

Les dates de remise de réception, d'escompte ou négociation, les noms des souscripteurs, des cédants et des escompteurs, les échéances.

Il faut inscrire avec soin toutes ces opérations par effets et contrôler souvent les comptes d'effets dont les soldes représentent :

1° Les effets à payer à telles et telles échéances ;

2° Les effets à recevoir à telles et telles échéances :

En traites, mandats à terme, billets, délégations, etc., et dont l'état dressé régulièrement avec la désignation des valeurs doit donner un total équivalant au *solde du compte d'effets à recevoir au grand-livre, solde nécessairement débiteur.*

DU JOURNAL.

Le journal est le livre indispensable. C'est la base de la comptabilité. Il doit être tenu régulièrement et jour par jour. Toutes les opérations doivent y être consignées, celles à terme comme celles au comptant, ainsi que les conventions et engagements définitifs lorsqu'ils sont fixés par des évaluations en argent.

Les comptes créés par les parties doubles permettent d'opérer tous virements, redressements, amortissements possibles et nécessaires.

Mais nous le répétons, il faut limiter le cercle des affaires d'une industrie aux objets et aux personnes qui la concernent spécialement.

Éviter de créer des comptes fictifs inutiles occasionnant des pertes de temps à les tenir et défigurant la physionomie naturelle des comptes et des résultats. Pour établir le journal, il faut consulter tous les livres auxiliaires, les pièces et documents. Tous les rouages d'une maison ou d'une administration sont ainsi examinés d'une manière salutaire.

Nous allons donner quelques exemples d'articles de journal puisés un peu partout.

Nous supposerons d'abord :

Que deux personnes se soient associées pour l'entreprise des travaux de bâtiments.

L'association est une société en nom collectif de compte à demi avec raison sociale.

L'un des associés, Duras, apporte comme mise sociale un fonds d'entrepreneur exploité par lui estimé. 20.000 fr.

Un matériel valant, suivant inventaire. . .	50.000
2 chevaux estimés par un vétérinaire . .	1.500
1 approvisionnement de pierre en magasin, ainsi que de divers autres matériaux valant suivant état.	3.500
Ensemble.	75.000 fr.

L'autre associé, Vendœuvre, verse de suite dans la caisse sociale pour les besoins courants 25.000 france et complétera son apport au fur et à mesure des besoins du service.

L'apport de chaque associé est fixé à 100.000 francs. Les intérêts des sommes versées en acquit de l'apport par chaque associé leur seront comptés à raison de 6 0/0 l'an.

Les apports étant complétés, les versements se feront par moitiés égales par chaque associé et les levées à leur usage s'il y a du trop-plein dans la caisse sociale, par sommes égales.

Toutefois il ne sera rien prélevé par les associés sur les fonds sociaux avant la formation d'une réserve de 50.000 francs laissée dans les affaires.

Lorsque des fonds disponibles existeront en caisse, mais dont l'emploi pour liquider du passif sera certain, ils seront placés dans une banque aux meilleures conditions possibles comme intérêt et découverts.

La maison de banque sera choisie et adoptée par les deux associés et ne pourra être changée que de leur consentement formel.

Les intérêts des comptes courants des associés seront

calculés à la fin de chaque année au taux de 6 0/0 et prélevés à la caisse. Après le complément des apports et de la réserve, les associés pourront toucher :

1° Chaque terme, les intérêts de leurs comptes courants ;

2° A la fin de chaque année, à compte sur leurs parts de bénéfices, les sommes non employées ou libres.

Cependant, en cours de travaux, ils devront laisser en caisse, au fonds commun, une somme de 50.000 francs comme *fonds de roulement.*

Après les apports complétés, les intérêts des comptes courants seront fixés et touchés par chaque associé et les levées ou reprises faites de façon que les situations de leurs comptes courants soient exactement les mêmes, et cela jusqu'à la fin de la Société.

A la fin de chaque année il sera établi un inventaire. Les comptes terminés définitivement seront soldés et leurs résultats portés aux profits et pertes. Aucuns résultats ne seront portés aux profits et pertes dans le cours d'une année.

La réserve de 50.000 francs sera prise jusqu'à complément sur le produit des profits et pertes. Après libération, le solde des profits et pertes sera porté par moitié au compte courant de chaque associé, et cela à la fin de l'année.

(*Voir l'interprétation de ce contrat au modèle de journal, à la date du* 1er *octobre* 1871 ; *au livre de caisse, voir* 20 *octobre* 1871.)

SUITE DES EXEMPLES :

Pincemard et Ce versent espèces 11.000 francs.
Ils seront crédités par le débit de caisse de 11.000 fr.

Settan reçoit 2.000 francs pour payement de deux chevaux à lui achetés. Il sera débité de 2.000 francs par le crédit de caisse, ou bien si nous ne lui avons pas ouvert de compte pour cette opération isolée, le compte de chevaux sera débité par le crédit de caisse de 2.000 francs.

La Compagnie des Eaux a reçu 60 francs pour payement d'un semestre d'abonnement pour le service du bâtiment Bream, rue Kléber. Le bâtiment Bream, rue Kléber, sera débité par le crédit de caisse de 60 francs.

Il a été payé à divers ouvriers renvoyés pour salaires concernant octobre 18 fr. 25.

Le compte des ouvriers sera débité par le crédit de caisse de 18 fr. 25.

Bonneuil a reçu 250 francs pour payement d'un treuil. Il n'a point été ouvert de compte à Bonneuil pour cette opération faite au comptant.

Le compte de matériel sera débité par le crédit de caisse de 250 francs.

Il a été payé à Ricard pour huiles et graisses employées aux travaux Sechard, 56 fr. 80.

Le compte travaux Sechard sera débité de 56 fr. 80 par le crédit de caisse.

Grandpré a reçu 322 francs pour prix de paille et foin qu'il a livrés ce jour même.

Le compte de transports sera débité par le crédit de caisse de 322 francs.

Et ainsi de suite des autres recettes et payements indiqués au livre de caisse jusqu'au 20 novembre 1871, jour de paye des fournisseurs.

Tous les comptes des fournisseurs seront débités du montant total des fournitures dont ils ont été crédités le 31 octobre dernier par le crédit de caisse de la somme en espèces qui leur a été payée et par le crédit de profits et pertes pour les remises pour prompts payements et réductions qu'ils ont consenties.

Ce même jour 20 octobre 1871, il a été remis en payement à divers : des billets souscrits par nous à diverses échéances et des effets que nous avions en portefeuille. Les comptes de ces fournisseurs seront débités du montant de nos billets par le crédit du compte d'*effets à payer* et du montant des effets à eux remis endossés par nous, par le crédit du compte d'*effets à recevoir*.

Nous avons acheté, le 16 octobre 1871, un terrain rue de la Pompe, à Passy, d'une contenance de 2.000 mètres, à 70 francs le mètre, à Le Gorraz. Nous passerons immédiatement l'opération en créditant Le Gorraz par le débit de terrain rue de la Pompe à Passy, de 140.000 francs.

(*Voir tous ces articles au modèle du journal ci-après*) :

MODÈLE DU JOURNAL		
du 1er octbre 1871.		
Divers, à CAPITAL,		
DURAS, s/ c/ d'apport.		
Apport fixé conformément à l'acte de Société..................	100.000	
VENDŒUVRE, s/ c/ d'apport.		
do..................	100.000	200.000
1er id. »		
Divers, à DURAS, s/ c/ d'apport,		
CLIENTÈLE.		
Conformément à l'acte de Société.	20.000	
MATÉRIEL.		
do..................	50.000	
CHEVAUX.		
do..................	1.500	
MAGASIN, r. Chaptal.		
do..................	3.500	75.000
1er id. »		
PINCEMARD et Cie, à VENDŒUVRE, s/ c/ d'apport.		
Reçu en compte à 4 0/0 espèces..		25.000
10 id. »		
EFFETS A RECEVOIR, *à Divers,*		
à MATÉRIEL.		
Reçu de Charençon, pour vente de vieux fers et vieux cordages, cuivre, etc.		
1 B/ de Lebrun au 25 xbre pain....	200	
à MAGASIN, r. Chaptal.		
Reçu de Ventavon pour vente de garnis et moellons.		
S/ B/ à n/ o/ au 5 janvier pain....	600	800
16 id. »		
TERRAIN, r. de la Pompe, à LE GORRAZ.		
Achat de 2.000m de terrain à 70f le mètre payable en 10 annuités sans intérêts à partir du 1er janvier pain jour du 1er versement de 14.000 fr............	140.000	140.000
20 id. »		
CAISSE, à PINCEMARD et Cie,		
A valoir..........................		11.000
A reporter.	....	451.800

MODÈLE DU JOURNAL (*suite*)

du 20 octobre 1871.

Report.		..	451.800	
Divers, à CAISSE,				
CHEVAUX.				
à Setton, 2 chevaux............	2.000			
BAT. BREAM, r. Kléber.				
à Cie des Eaux 1er semestre d'abonnement.....................	60			
OUVRIERS.				
Reny/ d'ouv. s/ 8bre.............	18	25		
MATÉRIEL.				
à Bonneuil, 1 treuil............	250			
Tx SECHARD.				
à Ricard, huiles et graisse......	56	80		
TRANSPORTS.				
à Grandpré, paille et foin........	322		2.707	05
——— 27 id. » ———				
CAISSE, à SANDOUR, r. Cassette, à valoir s/ tx..................			1.200	
——— » do » ———				
Divers, à CAISSE,				
SANDOUR, r. Cassette.				
à la Ville, droits de voirie.......	205	10		
OUVRIERS.				
à-c/ aux ouvriers s/ 8bre.........	800			
MAGASIN, r. Chaptal.				
à Landau, torches et paillassons.	86			
Tx SECHARD.				
à Ribard, réparations de 12 seaux.	18		1.109	10
——— 31 id. » ———				
Divers, à LANDOUX, briqueteur,				
Tx SECHARD, mémoire réglé à......	600			
SANDOUR, r. Cassette, do.........	310		910	
——— » do » ———				
Divers, à DÉPENSES GÉNÉRALES.				
MAGASIN, r. Chaptal, entrées de pierre en 8bre.....................	18.598	35		
BAT. BREAM, r. Kléber, dépenses de 1x en 8bre........................	4.415	11		
A reporter.	23.013	96	457.726	15

MODÈLE DU JOURNAL (*suite*)

du 31 octobre 1871.

Report.	23.013	96	457.726	15
BAT. SANDOUR, r, Cassette, dépenses de tx en 8bre....................	12.882	60		
TRAVAUX HÔTEL LA PENTAD, d°.....	587	05		
TRAVAUX SECHARD, d°.............	373	30		
TRANSPORTS, dép. de transports, d°.	140			
ÉQUIPAGES, achat d'équipages, d°..	742			
VERDOUCIN, transports, d°.........	30			
——— » d° » ———			37.768	91
DÉPENSES GÉNÉRALES, *à Divers,*				
à OUVRIERS, main-d'œuvre en 8bre..	10.290	20		
à GLORAS, fres de pierre, d°........	293	50		
à REGAR, d° d°........	4.511			
à ELLEVAZ, d° d°........	2.100			
à AILLON, d° d°........	900			
à RETEMERE, d° d°........	8.000			
à TIERREAU, d° d°........	1.650			
à VIGAN et Cie, fres de briques, d°...	96			
à CAQUET, cailloux et sable, d°.....	64	71		
à ROUGEASSON, plâtre, d°..........	1.003			
à BOULANGRE, moellons, d°........	1.200			
à BASLAIR, meulière, d°...........	600			
à GRANDORD, lattes, d°...........	6			
à TRUMAN, ciment, d°.............	45			
à LANVERAIN, paille, etc., d°.......	140			
à LAVACHEUX, cordages, d°.........	372			
à VERATON, crics, d°..............	370			
à MAGASIN, r. Chaptal, sortie de pierre en 8bre....................	5.805			
à TRANSPORTS, divers transports, d°.	322	50		
			37.768	91
——— Du 7 9bre 1871 ———				
CAISSE, *à Divers,*				
à MAGASIN, r. Chaptal.				
Reçu de Pataque, pour vente de garnis........................	155			
à FRANÇOIS s/ cte ct.				
Dépôt à 4 0/0 dans nos affaires jusqu'au 1er juin pain avec retrait en 3 parties égales....... Fin xbre; — fin mars; — fin juin.	10.000		10.155	
A reporter.	....	..	543.418	97

MODÈLE DU JOURNAL (*suite*) du 7 novembre 1871.				
Report.	....	..	543.418	97
Divers, à CAISSE,				
OUVRIERS.				
Renv/ d'ouv. s/ 9bre....... 172,50				
Renv/ d'ouv. s/ 8bre....... 25,30				
A-c/ aux ouv. s/ 9bre....... 500 »	697	80		
TRANSPORTS.				
A-c/ aux charretiers s/ 9bre.......	90			
MAGASIN, r. Chaptal.				
A-c/ aux charrons s/ 9bre.........	30			
SANDISSE, carreleur.				
A valoir........................	250			
GRUMARD, métreur.				
A valoir........................	600			
LANDOUX, briqueteur.				
Solde de briquetage............	910			
FRAIS GÉNÉRAUX.				
A Merlin, f^{res} de bureau... 56,15				
A Verdi, $dessin^{r}$, à-c/ s/ 9bre. 50 »				
A FOISLAUR, métreur, d^{o}... 75 »	181	15	2.758	95
12 id. »				
Divers, à CAISSE,				
OUVRIERS.				
Paye générale de 8bre...........	7.952	80		
FRAIS GÉNÉRAUX.				
A Flutar, commis, s/ m^{ois} 8bre. 250				
A Jaug, $dessin^{r}$, d^{o} (solde).... 150				
A Lamoue, caissier, d^{o}...... 200	600			
TRANSPORTS.				
Paye des charretiers pour 8bre...	250			
MAGASIN, r. Chaptal.				
Paye des charrons pour 8bre.....	180			
SANDISSE, carreleur				
A valoir........................	800		9.782	80
20 id. »				
CAISSE, *à Divers,*				
à BREAM, r. Kléber, à valoir s/ t^{x}...	3.000			
à SANDOUR, r. Cassette, d^{o}.......	11.820			
à TRANSPORTS, vente de fumier....	410		15.230	
A reporter.	....		571.190	72

MODÈLE DU JOURNAL (*suite*) du 20 novembre 1871.						
Report.			....	..	571.190	72
Divers, à EFFETS A RECEVOIR,						
BOULANGRE.						
Solde f^res^ 1 B/ Lebrun o/ Charançon au 25 x^bre^ p^ain^............			200			
BASLAIR.						
d° 1 B/ Vantavau à n/ o/ au 5 janvier p^ain^..................			600		800	
» d° »						
Divers, à EFFETS A PAYER,						
BOULANGRE.						
Solde f^res^ 8bre n/ B/ à s/ o/ au 20 janvier p^ain^..................			1.000			
ROUGEASSON.						
d° d°...........			1.003		2.003	
» d° »						
Divers,		*à Divers,*				
TRUMAN 8bre.....	43,50	1,50	45			
VERATON d°......	370	» »	370			
GLORAS d°......	284	9,50	293	50		
REGOR d°......	4.375	136	4.511			
TIERREAU d°......	1.600	50	1.650			
RETEMERE d°......	7.760	240	8.000			
ELLEVAZ d°......	2.037	63	2.100			
AILLON d°......	873	27	900			
	17.342,50	527	17.869	50		
à CAISSE,						
N/ remises espèces.............			17.342	50		
à PROFITS ET PERTES.						
L/ remises pour prompts payem^ts^.			527		17.869	50
» d° »						
DIVERS, *à Caisse,*						
OUVRIERS, retard, ouv. 8bre.........			218	25		
SANDISSE, carreleur, solde t^x^.......			55			
T^x^ LA PENTAD, à Elgrigo, moellons.			620		893	25
» d° »						
DIVERS, A SANDISSE,						
BAT. BREAM, r. Kléber, t^x^ carrelage réglés à.......................			200			
T^x^ SECHARD, r. Kléber, t^x^ carrelage réglés à.......................			40			
T^x^ LA PENTAD, r. Kléber, t^x^ carrelage réglés à.......................			865		1.105	
Total égal.			....	..	593.861	47

(*Voir* balance page LXVII)

DU GRAND-LIVRE

Ce livre renferme tous les comptes concernant l'entreprise, aussi bien les comptes des bâtiments et des fournisseurs et autres créés pour les besoins des travaux que les comptes courants et d'intérêts soit des associés, soit des prêteurs ou des intéressés. Il fournit tous les éléments nécessaires à l'établissement des balances ou des inventaires.

Comme tous les comptes sont formés par extraits des articles correspondants du journal, il y a entre le grand-livre et le journal une relation intime, impossible à détruire et dont la constatation se résume en fin d'inventaire ou de balance par ces égalités permanentes :

Débit = Crédit ;
Débit = Journal ;
Crédit = Journal.

En vertu de cette relation intime, rien ne peut donc être omis du journal au grand-livre.

Au fur et à mesure qu'un article du journal est porté au grand-livre, le folio du journal est indiqué au grand-livre et le folio du grand-livre est indiqué au journal. Ces écritures demandent beaucoup d'attention et de soins pour être passées régulièrement. Avec l'habitude, on doit arriver à les passer rapidement.

Nous donnons à la suite les types des comptes ouverts au grand-livre correspondants aux articles de notre modèle de journal.

Doit. CAPITAL.

Doit. DURAS

1871 Octobre	1er	à Capital, s/ apport..........	100.000

Doit. VENDŒUVRE

1871 Octobre	1er	à Capital, s/ d'apport........	100.000

Doit. PINCEMARD ET Cie

1871 Octobre	1er	à Vendœuvre, espèces en cte.	25.000

Doit. CLIENTÈLE

1871 Octobre	1er	à Duras, d'après l'acte de Sté..	20,000

Doit. MATÉRIEL

1871 Octobre	1er	à Duras, d'après l'acte de Sté.	50.000
	20	à Caisse, à Bonneuil en Treuil.	250
	31	à Dép. Génériles, achat d'équipages..	742
			50.992

Doit. CHEVAUX

1871 Octobre	1er	à Duras, d'après l'acte de Sté.	1.500
	20	à Caisse, à Setton, 2 chevaux.	2.000
			3.500

CAPITAL. **Avoir.**

1871 Septemb.	1er	par DIVERS, apports...........	200.000

s/ c/ d'apport. **Avoir.**

1871 Octobre	1er	par DIVERS, pr apport.........	75.000

s/ c/ d'apport. **Avoir.**

1871 Octobre	1er	pr PINCEMARD et Cie espèces...........	25.000

PINCEMARD ET Cie. **Avoir.**

1871 Octobre	20	par CAISSE, à valoir..........	11.000

CLIENTÈLE. **Avoir.**

ET ÉQUIPAGES. **Avoir.**

1871 Octobre	10	par EFF. A RECEV. vente de vx fers, etc.	200

CHEVAUX. **Avoir.**

Doit. MAGASIN

1871				
Octobre	1er	à Duras,	d'après l'acte de Sté.	3.500
	27	à Caisse,	à Landau, torc., etc.	86
	31	à Dép. Génér^les,	entrées de pierres..	18.598,85
Novemb.	7	à Caisse,	a.c aux charrons...	30
	12	à d°	paye des charrons.	180
				22.394,85

Doit. EFFETS

1871				
Octobre	10	à Divers,	reçu de Charançon s/B/Lebrun, au 25 décembre proch.. 200 reçu de Ventavan s/B au 5 janvier prochain...... 600	800

Doit. TERRAIN

1871				
Octobre	16	à Le Gorraz,	prix d'achat........	140.000

Doit. LE GORRAZ,

Doit. BATIMENT BREAM,

1871				
Octobre	20	à Caisse,	aux eaux, 1er sem....	60
	31	à Dép. Gén^les,	travaux en octobre..	4.415,11
Novemb.	20	à Sandisse,	carrelage..........	200
				4.675,11

rue Chaptal. **Avoir.**

1871 Octobre	10	par Eff. a Recev.	vente de garnis, etc.	600
	31	par Dép. Génér.	sorties de pierres..	5.805
Novemb.	7	par Caisse,	vente de garnis...	155
				6.560

A RECEVOIR. **Avoir.**

1871 Novemb.	20	par Divers,	à Boulangre, 1/B Lebrun, o/c Charançon au 25 prochain 200 à Baslair, 1 B/ Ventavan au 1er janv. proch. 600	800

rue de la Pompe. **Avoir.**

à Brunoy. **Avoir.**

1871 Octobre	16	par Terrain,	rue de la Pompe...	140.000

rue Kléber. **Avoir.**

1871 Novemb.	20	par Caisse,	à valoir s/ travaux..	3.000

Doit. OUVRIERS.

1871				
Octobre	20	à CAISSE,	renv/d'ouv. s/ octob.	18,25
	27	à d°	à-c aux ouvr. s/ oct.	800
Novemb.	7	à d°	renv/ s/ oct. et nov.	
			à-c s/ novembre....	697,80
	12	à d°	paye génér. d'octob.	7.952,80
	20	à d°	retard. s/ octob.....	218,25
				9.687,10

Doit. TRAVAUX SECHARD,

1871				
Octobre	20	à CAISSE,	à RICARD, huiles et graisse............	56,80
	27	à d°	à RIBARD, réparat. de seaux..........	18
	31	à DÉP. GÉN[les],	pour travaux en 8bre.	373,30
	»	à LANDOUX,[1]	d° briquetage....	600
Novemb.	20	à SANDISSE,	carrelage..........	40
				1.088,10

Doit. SANDOUR,

1871				
Octobre	27	à CAISSE,	droits de voirie.....	205,10
	31	à LANDOUX,	briquetage	310
	»	à DÉP. GÉN[les],	travaux en octobre..	12.882,60
				13.397,70

Doit. TRANSPORTS.

1871				
Octobre	20	à CAISSE,	à GRANDPRÉ paille et foin	322
	31	à DÉP. GÉN[les],	dépenses en octobre.	140
Novemb.	7	à CAISSE,	à-c. aux charretiers.	90
	12	à d°	paye aux charr., 8bre.	250
				802

OUVRIERS. **Avoir.**

1871 Octobre	31	par Dép. Génles, main-d'œuvre en 8bre.	10.290,20

rue Billaut. **Avoir.**

rue Cassette. **Avoir.**

1871 Octobre	27	par Caisse, à valoir s/ travaux..	1.200
Novemb.	20	d° d	11.820
			13.020

TRANSPORTS. **Avoir.**

1871 Octobre	31	par Dép. Génles, transports en octobre.	322,50
Novemb.	20	par Caisse, vente de fumier.....	410
			732,50

Doit. TRAVAUX

1871				
Octobre	31	à Dép. Gén^les^,	travaux en octobre..	587,05
Novemb.	20	à Caisse,	à Elgrigo, moellons.	620
	20	à Sandisse,	carrelage..........	865
				2.072,05

Doit. LANDOUX,

1871				
Novemb.	7	à Caisse,	solde..............	910

Doit. VERDOUCIN,

1871				
Octobre	31	à Dép. Gén^les^,	transports en octobr.	30

Doit. GLORAS,

1871				
Novemb.	20	à Divers,	solde octobre.......	293,50

Doit. REGOR,

1871				
Novemb.	20	à Divers,	solde octobre.......	4.511

Doit. ELLEVAZ,

1871				
Novemb.	20	à Divers,	solde octobre.......	2.100

Doit. AILLON,

1871				
Novemb.	20	à Divers,	solde octobre.......	900

HOTEL DE LA PENTAD, rue Murillo. **Avoir.**

briquetier, 19, rue Curial. **Avoir.**

1871 Octobre	31	par DIVERS, travaux briquetage..	910

à Sèvres. **Avoir.**

m^d carrier à Montrouge. **Avoir.**

1871 Octobre	31	par DÉP. GÉN^les, f^res de pierre en 8bre..	293,50

carrier à Soissons. **Avoir.**

1871 Octobre	31	par DÉP. GÉN^les, f^res de pierre en 8bre..	4.511

carrier à Poitiers. **Avoir.**

1871 Octobre	31	par DÉP. GÉN^les, f^res de pierre en 8bre..	2.100

carrier à Creil. **Avoir.**

1871 Octobre	31	par DÉP. GÉN^les, f^res de pierre en 8bre..	900

Doit. RETEMERE,

1871 Novemb.	20	à DIVERS,	solde octobre.......	8.000

Doit. TIERREAU,

1871 Novemb.	20	à DIVERS,	solde octobre.......	1.650

Doit. IVIGAN et Cie,

Doit. CAQUET,

Doit. ROUGEASSON,

1871 Novemb.	20	à EFF. A PAYER,	n/ B/ au 20 janv. p^ain.	1.003

Doit. BOULANGRE,

1871 Novemb.	20	à EFF. A RECEV.	1 B/ Lebrun o/ Charançon 5 janv. p^ain.	200
		à EFF. A PAYER,	n/ B/ au 25 janv. p^ain.	1.000
				1.200

Doit. BASLAIR,

1871 Novemb.	20	à EFF. A RECEV.	1 B/ Ventavon, au 5 janv. prochain.	600

md carrier, 201, faubourg Saint-Martin. **Avoir.**

1871 Octobre	31	par DÉP. GÉNles, fres de pierre en 8bre..	8.000

md carrier, 85, boulevard de la Villette. **Avoir.**

1871 Octobre	31	par DÉP. GÉNles, fres de pierre en 8bre..	1.650

md de briques, à Vaugirard. **Avoir.**

1871 Octobre	31	par DÉP. GÉNles, fres de briques en 8bre.	96

md de sable et cailloux, 28, rue des Sts-Pères. **Avoir.**

1871 Octobre	31	par DÉP. GÉNles, fres cailloux et sable.	66,71

md et fabricant de plâtre, à Noisy-le-Sec. **Avoir.**

1871 Octobre	31	par DÉP. GÉNÉRles, fres de plâtre en oct..	1.003

carrier, à Arcueil. **Avoir.**

1871 Octobre	31	par DÉP. GÉNÉRles, fres de moellons en 8bre	1.200

md de meulières, r. Cardinal-Lemoine, 25. **Avoir.**

1871 Octobre	31	par DÉP. GÉNÉRles, fres de meulière oct..	600

Doit. GRANDORD,

Doit. TRUMAN,

1871 Novemb.	20	à Divers,	solde octobre.......	45

Doit. LANVERAIN,

Doit. LEVACHEUX,

Doit. VERATON,

1871 Novemb.	20	à Divers,	solde octobre.......	370

Doit. DÉPENSES

1871 Octobre	31	à Divers,	travaux en octobre.	37.768,91

Doit. FRANÇOIS,

Doit. EFFETS

mᵈ de briques, lattes, etc., à Bercy. **Avoir.**

1871 Octobre	31	par Dép. Génér^les, f^res de lattes en oct.	6

fabricant de ciment, à Sannois. **Avoir.**

1871 Octobre	31	par Dép. Génér^les, f^res de ciment en oct.	45

mᵈ de fourrages, rue du Colysée, 8. **Avoir.**

1871 Octobre	31	par Dép. Génér^les, f^res de paille, etc...	140

mᵈ cordier, r. de la Ferronnerie, 18. **Avoir.**

1871 Octobre	31	par Dép. Génér^les, f^res de cordages....	372

fabricant de crics, 6, r. d'Enfer. **Avoir.**

1871 Octobre	31	par Dép. Génér^les, f^res de crics.........	370

GÉNÉRALES. **Avoir.**

1871 Octobre	31	par Divers, dépenses en octobre.	37.768,91

s/c/ courant 4 0/0. **Avoir.**

1871 Novemb.	7	par Caisse, dépôt...............	10.000

A PAYER. **Avoir.**

1871 Novemb.		par Divers, à Boulangre 20 janvier........ 1.000 dᵒ à Rougeasson 20 janvier.. 1.003	2.003

Doit. SANDISSE,

1871 Novemb.	7	à CAISSE,	à valoir............	250
	12	d°	d°...............	800
	20	d°	solde travaux......	55
				1.105

Doit. GRUMARD,

1871 Novemb.	7	à CAISSE,	à valoir............	600

Doit. FRAIS

1871 Novemb.	7	à CAISSE,	à-c. aux employés et f[res] de bureau.....	181,15
		d°	solde trait. employés	600
				781,15

Doit. PROFITS

Doit. CAISSE.

1871 Octobre	20	à PINCENARD et C[e]	à valoir............	11.000
	27	à SANDOUR,	rue Cassette........	1.200
Novemb.	7	à DIVERS,	suiv[t] détail au journ.	10.155
	20	d°	d°.........	15.230
				37.585

carreleur, r. Pereire. **Avoir.**

1871 Novemb.	20	par Divers,	trav[1] carrelage.....	1.105

métreur, b[d] Haussmann. **Avoir.**

GÉNÉRAUX. **Avoir.**

ET PERTES. **Avoir.**

1871 Novemb.	20	par Divers,	remises pour prompt payement........	527

CAISSE. **Avoir.**

1871				
Octobre	20	par Divers,	suiv[t] détail au journ.	2.707,05
	27	d°	d°.........	1.109,10
Novemb.	7	d°	d°.........	2.758,95
	12	d°	d°.........	9.782,80
	20	d°	d°.........	17.342,50
	20	d°	d°.........	893,25
				34.593,65

DE LA BALANCE ET DES SOLDES.

Afin de s'assurer de l'exactitude de la passation des articles du journal au grand-livre et de la régularité des écritures en général, il faut chaque mois ou chaque trimestre totaliser tous les débits et crédits des comptes au grand-livre, en dresser un état, et voir si les *égalités permanentes* dont nous avons parlé au chapitre du grand-livre existent.

Si elles n'existent pas, il faut :

1° Vérifier les totaux des comptes ;

2° Constater que la nomenclature des comptes portés sur l'état de balance est bien complète ;

3° Enfin pointer les articles du journal avec le grand-livre.

La balance des totaux étant exacte, il faut tirer les soldes de chaque compte.

La balance des soldes doit être également exacte.

Un solde est la différence entre un débit et un crédit de compte. C'est la somme finale qui la balance.

Le solde prend le nom de la partie la plus forte.

Si le débit surpasse le crédit, le solde est débiteur.

Si le crédit dépasse le débit, le solde est créditeur.

A la fin d'un exercice tous les comptes terminés sont balancés et soldés par profits et pertes. Ceux qui sont encore en marche sont balancés par un solde débiteur ou créditeur.

Cette opération de balancer par des soldes les comptes à la fin de chaque exercice est portée dans les écritures au moyen de l'ouverture d'un compte à balance.

Ce compte est débité par le crédit des comptes divers de tous les soldes débiteurs.

Il est crédité de tous les soldes créditeurs ; ainsi, pour notre modèle de balance, l'article serait :

Balance à Divers.

A Duras, solde débiteur.	25.000	
A Vendœuvre, d°	75.000	
A Pincemard et Cie, d°	14.000	
A	»	et tous les autres comptes
A	»	ayant des soldes débiteurs,
	353.811,81	de manière que le total ci-contre soit possible.

L'autre article du journal correspondant aux soldes créditeurs serait :

Divers à Balance.

Capital,	solde créditeur.	200.000	
Le Gorraz,	d°	140.000	
Ouvriers	d°	603,10	
Vigan et Cie.	d°	96	
....		»	et tous les autres comptes
....		»	ayant des soldes créditeurs.
		353.811,81	

Ce compte de balance, souvent précisé par la dénomination de *balance de sortie*, représente un état de liquidation où l'actif touché serait employé à payer le passif, étant observé que dans une balance complète le capital représentant la fortune de l'entrepreneur est compris dans le passif et qu'ainsi il la réaliserait.

Lors de la réouverture des comptes au commencement d'un nouvel exercice, les mêmes écritures se passent d'une façon inverse.

Balance à Divers.

A Capital,	créditeur à nouveau	.....	200.000
A Le Gorraz,	d°	.....	140.000
A ouvriers.	d°	.....	603,10
A Vigan et Cie	d°	.....	96
A			»
A			»
			353.811,81

et :

Divers à Balance.

Duras,	débiteur à nouveau....	25.000
Vendœuvre,	d°	75.000
Pincemard et Cie,	d°	14.000
....		
....		
		353.811,81

On remarquera que dans ce cas les comptes sont réouverts par les sommes égales à celles de la clôture précédente avec la rubrique de créditeurs à nouveau ou débiteurs à nouveau. La balance d'ouverture prend aussi le nom de *balance d'entrée.*

BALANCE DU 20 NOVEMBRE 1871.

FOLIOS.	NOMS DES COMPTES.	TOTAUX DES débits.		TOTAUX DES crédits.		SOLDES Débiteurs.		SOLDES Créditeurs.	
	Capital.			200.000				200.000	
	Duras s/ c/ d'apport.	100.000		75.000		25.000			
	Vendœuvre, s/ c/ d'apport. .	100.000		25.000		75.000			
	Pincemard et Cie.	25.000		11.000		14.000			
	Clientèle.	20.000				20.000			
	Matériel et équipages. . . .	50.992		200		50.792			
	Chevaux.	3.500				3.500			
	Magasin, rue Chaptal. . . .	22.394	85	6.560		15.834	85		
	Effets à recevoir.	800		800		»		»	
	Terrain, rue de la Pompe. .	140.000				140.000			
	Le Gorraz à Brunoy.			140.000				140.000	
	Bâtiment Bream, rue Kléber.	4.675	11	3.000		1.675	11		
	Ouvriers.	9.687	10	10.290	20			603	10
	Travaux Sechard, rue Billaut..	1.088	10			1.088	10		
	Sandour, rue Cassette. . . .	13.397	70	13.020		377	70		
	Transport..	802		732	50	69	50		
	Travaux hôtel la Pentad, rue Murillo..	2.072	05			2.072	05		
	Qandoux, briqueteur, 19, rue Curiol.	910		910		»		»	
	Verdoucin, à Sèvres.	30				30			
	Gloras, marchand carrier. .	293	50	293	50	»		»	
	Regor d°.	4.511		4.511		»		»	
	Ellevaz d°.	2.100		2.100		»		»	
	Aillau d°.	900		900		»		»	
	Retemare d°.	8.000		8.000		»		»	
	Tierreau d°.	1.650		1.650		»		»	
	Vigan et Cie, m^ds^ de briques.			96				96	
	Caquet, m^d^ de sables.			64	71			64	71
	Rougeassan, m^d^ de plâtre. .	1.003		1.003		»		»	
	Boulangre, m^d^ carrier. . . .	1.200		1.200		»		»	
	Baslair, m^d^ de meulières.. .	600		600		»		»	
	Grandord, m^d^ de briques. .			6				6	
	Truman, m^d^ de ciment. . .	45		45		»		»	
	Lanverain, m^d^ de fourrages.			140				140	
	Levacheux, m^d^ cordier. . . .			372				372	
	Veraton, m^d^ de crics.. . . .	370		370		»		»	
	Dépenses générales..	37.768	91	37.768	91	»		»	
	François, s/ c/.			10.000				10.000	
	Effets à payer.			2.003				2.003	
	Sandisse, carreleur, rue Pereire.	1.105		1.105		»		»	
	Grumard, métreur, boulevard Hausmann.	600				600			
	Frais généraux..	781	15			781	15		
	Profits et pertes.			527				527	
	Caisse..	37.585		34.593	65	2.991	35		
	Tolal égal.	593.861	47	593.861	47	353.811	81	353.811	81

(*Voir* Journal, page XLVIII.)

Nous avons collectionné des règlements de voirie, des lois, décrets, etc., concernant les eaux, le gaz et la viabilité; nous en ferons l'objet d'une publication spéciale devant servir d'annexe à notre traité de comptabilité et d'administration ainsi que des modèles de marchés relatifs aux travaux et des prix courants de fournitures du bâtiment.

BIBLIOTHÈQUE NATIONALE R.F. IMPRIMÉS

DUGUÉ.

TABLE DES MATIÈRES

DE LA DEUXIÈME PARTIE.

FIN.

PARIS. — IMPRIMERIE DE L'ÉCOLE CENTRALE.
Dejey et Ce, 18, rue de la Perle.

www.ingramcontent.com/pod-product-compliance
Ingram Content Group UK Ltd.
Pitfield, Milton Keynes, MK11 3LW, UK
UKHW022039070726
13613UKWH00002B/589

9 782019 961602